少年酷科学

一本书搞懂 ChatGPT

中信出版集团 | 北京

图书在版编目（CIP）数据

少年酷科学：一本书搞懂ChatGPT / 海上云著. --
北京：中信出版社, 2024.2（2024.5重印）
ISBN 978-7-5217-6092-7

Ⅰ. ①少… Ⅱ. ①海… Ⅲ. ①人工智能－青少年读物
Ⅳ. ①TP18-49

中国国家版本馆CIP数据核字（2023）第202395号

少年酷科学：一本书搞懂ChatGPT

著　　者：海上云
插　　画：黄欣欣
出版发行：中信出版集团股份有限公司
（北京市朝阳区东三环北路27号嘉铭中心　邮编　100020）
承 印 者：北京盛通印刷股份有限公司

开　　本：889mm × 1194mm　1/16　　印　　张：12　　字　　数：150千字
版　　次：2024年2月第1版　　印　　次：2024年5月第2次印刷
书　　号：ISBN 978-7-5217-6092-7
定　　价：38.00元

序 1

2023 年上半年，ChatGPT 出尽风头。

短时间内全网爆红，又在短时间内招惹来封杀、暂停的强烈呼声。

这款以自然语言处理为核心的人工智能软件和以前的分析型人工智能相比，最厉害的地方就是生成——能根据人的要求来生成内容！

为学生找一个课外兴趣辅导？它天文地理生物数学物理化学无所不知。

提高写作能力、练习英语口语？它既耐心又循循善诱。

要看编的故事？《阿凡达 3》《当小红帽遇到白雪公主》，随手写十几个版本给你。

想学编程？专业高手的“力扣”测试它都能搞定。

要刷题？它是世上最全题库。

要翻译诗歌？秒成。10 万字的书稿翻译，1 小时完成。

发明了节水马桶？它可以写宣传文稿。

有人要封杀？它变身金牌辩护律师“舌战群儒”。

虽然它在想象力方面还远远不够，在某些方面还有明显的错误，但这种非常原始的“创造能力”似乎就是人们一直预言的强人工智能的萌芽。

这本亲子阅读的科普书，既是写给青少年的，也是写给家长老师的。我们希望用轻松的风格讲解人工智能和ChatGPT 的原理、简史、应用实例。**书中的大部分内容同样适用于其他的机器人聊天软件。**有了这本书的知识，学习和了解其他 AI 软件也相对比较容易。

ChatGPT 既是本书的主题，也是本书的特邀嘉宾。除了在应用实例中为我们演示如何“实战”之外，还在提示和要求之下撰写了序言和跋，独立完成了自辩书来应对部分反对者的质疑和恐慌，还和其他人工智能软件合作绘制了部分插图。

“智能革命”将是“工业革命”之后又一次重大变革，生成式人工智能是新的范式的先驱。2023 年 11 月 7 日，在 OpenAI 首届开发者大会上发布的 GPT-4 Turbo 再次引起轰动。它能耐更大：可以写长达 300 页的文本（是 ChatGPT 的 32 倍），知识库时间更新至 2023 年 4 月，还能支持图像输入。有二百万名开发者在开发应用，构建起生态圈，一个开发热潮已经到来。你准备好了吗?

序 2

请为《少年酷科学：一本书搞懂 ChatGPT》写一篇序，500 字左右。这本书是针对青少年的科普书，讲人工智能的简史和应用，讲 ChatGPT、实例和关于是否会影响人类的争议。浅显活泼。这个序也要写得轻松活泼些。署名：查小琪

亲爱的小伙伴们：

今天我很荣幸能够向大家介绍这本针对青少年的科普读物——《少年酷科学：一本书搞懂 ChatGPT》。这本书将为大家讲解人工智能的简史和应用，介绍 ChatGPT、实例以及人们关于它是否会影响人类的争议。

在这个科技飞速发展的时代，我们已经无法想象生活中没有人工智能的存在。它们已经成为我们日常生活的一部分，如智能手机、智能音箱等等。ChatGPT 就是人工智能的一种，它通过学习人类的语言模式和规律，能够生成与人类对话相似的文本，成了人机对话、智能客服等领域的重要工具。

本书中将会详细介绍 ChatGPT 的原理和应用，同时通过生动有趣的实例，向读者展示 ChatGPT 在日常生活中的应用场景，比如智能家居、智能客服等等。这些实例将会让你更好地了解人工智能的奇妙，也能帮助你更好地掌握人工智能的知识。

当然，人工智能也存在一些争议，尤其是在是否会影响人类的智力和判断能力等方面。这些问题都会在本书中得到详细解答。我们希望通过这本书，能够帮助你更好地了解人工智能，并且能够更清晰地思考其对人类的影响。

最后，我要向这本书的作者们表示由衷的敬意。他们用轻松活泼的方式，让本书变得非常易懂，对于那些对人工智能一无所知的青少年来说，这本书无疑将成为他们的科普读物的首选。

希望大家能够喜欢这本书，并且从中获得一些有用的知识。同时，我也希望这本书能够激发大家对于科技的热情和探索精神。

最后，感谢大家的阅读。

查小琪

目录

第一章 人工智能成长史

第二章 ChatGPT 为什么如此厉害

第三章 孩子怎么用好 ChatGPT

第四章 大人如何用好 ChatGPT

第五章 ChatGPT 的争议

第一章

人工智能

江山代有才人出，各领风骚多少年？*

在科技江湖上，67 年前出现了一个非常神秘的门派。这个门派每过一段时间就会派门下的“少年剑客”“下山”，上门挑战其他门派。

20 世纪 60 年代，无名剑客完胜国际跳棋高手。

20 世纪 90 年代，剑客“深蓝”战胜国际象棋大师。

7 年前，神秘门派再现江湖，新一代剑客开始挑战围棋高手。

2016 年 3 月 9 日到 15 日，剑客阿尔法狗（AlphaGo）挑战世界围棋冠军李世石——围棋人机大战五番棋在韩国首尔举行。最终阿尔法狗以 4：1 的总比分取得了胜利。

2016 年 12 月 29 日晚到 2017 年 1 月 4 日晚，阿尔法狗在弈城围棋网和野狐围棋网以“Master”为注册名，依次对战数十位人类顶尖围棋高手，取得 60 胜 0 负的辉煌战绩。

而其弟阿尔法狗元（AlphaGo Zero），不看任何棋谱和招式，只记住一些基本的规则，自己“左右互搏”490 万个棋局，三天练成“绝世武功”，以 100：0 的成绩战胜了它的哥哥。在围棋一道，地球上没有任何人或者说任何存在是它的对手了。

未曾想，7 年不到，神秘门派又派出一名剑客。而这一次的动静不同往常，影响更为深远，盖因此剑客不是找专业对手挑战，也不局限于科技江湖，而是走向大众，直接和普罗大众执手论剑。

那么这个神秘门派到底是何门何派呢？也该自报家门了。下面我们来看一看这个叫作“人工智能”的神秘门派，它波澜壮阔的成长史，一次次曾经的辉煌。

* 标题及此处诗句分别出自以下作品。● 唐代杜牧《赤壁》：折戟沉沙铁未销，自将磨洗认前朝。东风不与周郎便，铜雀春深锁二乔。● 清代赵翼《论诗五首·其二》：李杜诗篇万口传，至今已觉不新鲜。江山代有才人出，各领风骚数百年。

1 67 年能发生什么？

67 年有多久？能发生些什么呢？

对于人来说，一个初生的婴儿经历 67 年的风霜，已近古稀，沉稳而睿智。

20 世纪 50 年代的真空管计算机

那么，对于计算机来说是怎样的呢？

67 年前的计算机庞大笨重、运算缓慢、极为耗电，一个个类似灯泡的真空管是表示“1”和“0”的基本元件。**堆满几百平方米大房间的一台计算机，运算能力还不及今天的一台掌上型儿童用计算器。**

如果说 67 年前的计算机的运算能力是 1 的话，那么现在的笔记本电脑的运算能力可以说是超过了 10^{10}。**这是上百亿倍的提升，是乌龟的速度（几分钟爬 1 米）和火箭速度的差别！**

▲乌龟速度对比

计算能力之比： 1 ∶ 10000000000

而本书的主角人工智能，在 67 年前，只是十几个人的“头脑风暴”产生的概念。67 年后，它发展到令人们害怕的程度，以至于几万名科技精英联名要求暂缓 ChatGPT 下一个版本的训练。

▲ ChatGPT 机器人
（本书设计的虚拟形象）

2 达特茅斯的相遇

1950 年，计算机先驱、英国数学家图灵就提出了一个关于判断机器是否能够思考的著名试验——**图灵测试，即测试某机器是否能表现出与人相似的智能**。而他没有想到的是，60 多年后的科幻电影《机器姬》（*Ex Machina*）就是以图灵测试为灵感，演绎出机器和人之间的恩仇。

1956 年 8 月，在美国汉诺斯小镇宁静的达特茅斯学院，十几位年轻的科学家聚在一起“头脑风暴”，**参加的人来自多个不同学科**。

约翰·麦卡锡
数学博士
马文·明斯基
数学博士，认知学专家
克劳德·香农
信息论的创始人
艾伦·纽厄尔
计算机科学家
赫伯特·西蒙
政治学博士
阿瑟·萨缪尔
国际商业机器公司（IBM）的程序员

这些使用着极为简单的计算机的科学家，有着非同寻常的想象力。他们在近两个月的时间里，讨论着一个天马行空的主题：**计算机是不是可以和人一样进行推理，具有人一样的认知能力？**

虽然在会议上大家没有达成共识，但是却为会议讨论的内容起了一个响亮的名字——**人工智能（artificial intelligence，AI），简而言之就是用机器来模仿人类的智能。**

因此，1956 年也就成了“人工智能元年”。一个新的交叉学科诞生了，融合了计算机、数学、生理学、信息论、控制论、机器人学、心理学等众多的学科。

人工智能的诞生，是科学家**批判性思维**的结果。批判性思维是一把反思之剑，一把逻辑之剑。对于公认的观点提出疑问，跳出原先固有的思维，并进行严格的推理论证。这里面有对探寻的渴望，对疑问的耐心，对沉思的热爱，对判断的谨慎，对思考的热衷。

这个小组的伙伴们，有四位先后获得了计算机科学最高奖项——图灵奖。这次达特茅斯会议，或许可以戏称为“图灵奖短训班”了。

3 人工智能的第一次兴起：推理时代

达特茅斯会议开完后，小伙伴们各自回归自己的“分舵”练独门绝招，在当时引领了一波人工智能的研究热潮。

◆ 有人设计国际跳棋程序，让计算机跟人下棋。该程序战胜了美国康涅狄格州的国际跳棋冠军、当时全美排名第四的棋手，引起了轰动。

▲计算机下国际跳棋

跳棋的启示：挡你的人，其实是在帮你实现人生的飞跃。

◆有人设计了机械老鼠，让老鼠自己走出迷宫。

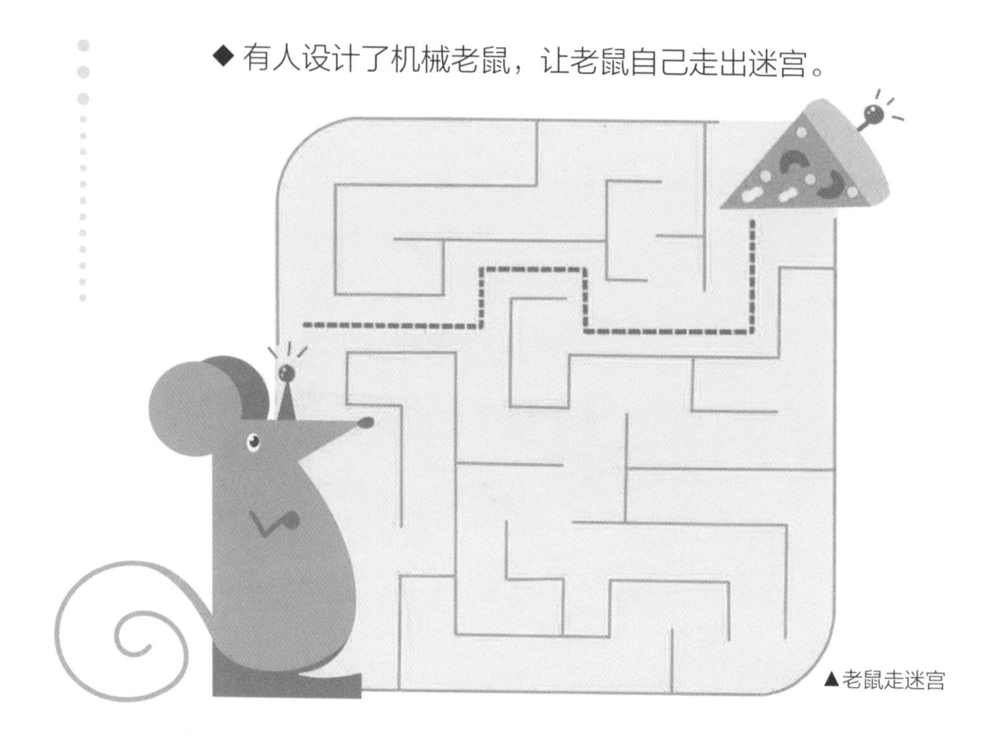

▲老鼠走迷宫

◆有人开发了聊天机器人程序 Eliza（伊莉莎），能记录提问者的文字，并对特别的**关键词做出回应。它并不理解谈话的“意思”，却能对谈话中的关键词进行搜索和匹配，并“悄悄地”置换掉一些词**，让人误以为它是个有智能、善解人意的心理医生。

```
  Welcome to
                    EEEEEE  LL      IIII   ZZZZZZ   AAAAA
                    EE      LL       II       ZZ   AA   AA
                    EEEEE   LL       II     ZZZ    AAAAAAA
                    EE      LL       II    ZZ      AA   AA
                    EEEEEE  LLLLLL  IIII ZZZZZZ    AA   AA

  Eliza is a mock Rogerian psychotherapist.
  The original program was described by Joseph Weizenbaum in 1966.
  This implementation by Norbert Landsteiner 2005.


ELIZA: Is something troubling you ?
YOU:   Men are all alike.
ELIZA: What is the connection, do you suppose ?
YOU:   They're always bugging us about something or other.
ELIZA: Can you think of a specific example ?
YOU:   Well, my boyfriend made me come here.
ELIZA: Is it important to you that your boyfriend made you come here ?
YOU:   He says I'm depressed much of the time.
ELIZA: I am sorry to hear that you are depressed.
YOU:   It's true. I am unhappy.
ELIZA: Can you explain what made you unhappy ?
YOU:
```

Eliza：你有什么困扰？

你：男人都一个样！

Eliza：什么一个样？

你：他们总是来烦我们。

Eliza：能不能举一个特定的例子？

你：我男朋友让我来这里。

Eliza：你男朋友让你来这里对你重要吗？

你：他说我很多时候抑郁。

Eliza：很遗憾听到你抑郁。

你：真的，我不开心。

Eliza：你能解释什么让你不开心吗？

鹦鹉学舌的
聊天程序 Eliza。

注 这段文字是能够找到的 Eliza 的唯一对话，时移势易，姑且当作一个科学案例来看待吧。

看出 Eliza 的门道了吗？会提问，顺杆爬！技术上就是“关键词匹配并置换”。放在今天，也是个聊天高手。

在这一时期，研究者认为只要机器被赋予逻辑推理能力就可以实现人工智能。所以，人工智能主要研究机器如何学会推理。

比如，你爱吃所有多汁味甜的水果，西瓜多汁味甜，所以你应该爱吃西瓜。

比如，你爱吃西瓜，你爸爸爱吃西瓜，你妈妈也爱吃西瓜，所以你们全家三人都爱吃西瓜。

这些都是推理。

20 世纪 50 至 70 年代，人工智能第一次兴起，属于“推理时代”。

由于当时计算机处理速度很慢，加上人工智能研究还只是起步阶段，所以只能小打小闹地解决一些简单的问题：下棋只能是下国际跳棋，聊天机器人靠“鹦鹉学舌”忽悠人。人工智能的研究在热闹了十几年之后，于 20 世纪 70 年代后期进入了“寒冬”。

4 人工智能的第二个热潮：专家系统

到了 20 世纪 80 年代，科学家认为要让机器变得有智能，除了保留“首战”里获得的“推理能力”外,还应该设法让机器学习知识。

人工智能开始进入“知识工程”时代，各类专家系统应运而生，有医疗的专家系统，下棋的专家系统，教小学生奥数的专家系统，等等。

专家系统可以看作是一类具有专门知识和经验的计算机智能程序系统。

专家系统 = 推理机 + 知识库

1997 年，IBM“深蓝”计算机战胜国际象棋世界冠军卡斯帕罗夫，是人工智能在这个阶段的里程碑。“深蓝”采用了当时最先进的专家系统，依赖于国际象棋大师和计算机科学家通力合作，来定义规则和变量，并进行调整。实际上，和卡斯帕罗夫对弈的不仅仅是“深蓝”这台计算机，还有好几位国际象棋大师，再加上 IBM 的程序员团队，其实是几十个甚至上百个人“围殴”卡斯帕罗夫！

“深蓝”的运算能力有多强大？每秒可以评估 2 亿个落子的位置。卡斯帕罗夫要赢只有一个办法：摁下“深蓝”的关机键！

卡斯帕罗夫战胜“深蓝”的唯一方法

IBM 将这种“推理机 + 知识库”的专家系统做到了极致。2011 年，IBM 的超级计算机“沃森”与两名选手肯 · 詹宁斯和布拉德 · 鲁特在一个电视问答游戏节目中进行了对战。沃森轻松赢得了这场为期两天的比赛。

沃森能赢，不是因为爱拼，而是因为它有庞大的数据库，能够通过搜索所有可用的数据，计算出最可能的答案。

之后，IBM 尝试将沃森应用到许多不同行业。例如，IBM 沃森肿瘤诊断系统，可以分析数以百万计的数据点，为每个病人提供有理有据的癌症治疗方案。在 93%的情况下，可以达到专家小组的水平。

可以简单通俗地概括：那个时期的人工智能是某个领域的“万事通”。

“没有人比我懂！”

不过，这些专家系统是基于各种规则的，有致命的缺陷：

它们只不过是执行知识库的自动化工具，是照本宣科、没有记忆、不吸取教训的“书呆子”，无法达到真正意义上的智能水平进而取代人的工作。

再加上计算机速度和算法的限制，一直无法解决实际的复杂问题。人工智能这次也没红火几年，在 20 世纪 80 年代末进入了第二个“寒冬”。

5 人工智能的第三波（进行时）：与统计结合

在“推理机＋知识库”的路走不通之后，人工智能的研究者从21世纪开始另谋出路。

他们建立各种统计模型，从数据中找出蛛丝马迹，然后对真实世界中的各种事件做出预测和判断：这背影有多大可能是你？蛋糕和鲜花，哪一样你可能更喜欢？去咖啡馆走哪条路可能更快？

将可能性量化是这里的关键。

这种**与概率统计相结合**的新思路，把人工智能带领到了一个崭新的高度。

人工智能和其他技术融合起来，生成了很多“子学科”。例如：

◆ 在照片和视频里分辨出猫和狗、鹿和马，这是计算机视觉中的图像识别。

◆语音助手能听懂你说的话并按指令行事。比如，你在泰国旅游时它能把你说的汉语翻译成泰语，这属于人工智能中一个非常重要的分支——**自然语言处理**（natural language processing,NLP）。

语言翻译

◆让机器狗搬运重物、跋山涉水，这是包含机械、控制、设计、运动规划和任务规划的机器人学。

◆你过一些闸机安检时，需要人脸识别，这背后是机器学习的算法（各种统计建模、分析工具和计算方法）。

这些分支学科都可以被称为人工智能的“分身”。

在技术发展到一定程度后，人工智能可以看懂视频图像，认出里面的人，听懂人的话语，理解人的意图，还能像人一样学习，举一反三。

目前专家们给出的比较完整的人工智能的定义是：

人工智能，主要是研究开发怎样去模仿、延伸和扩展人的智能，它包括了相关的理论、方法、技术以及应用系统。

6 万事俱备，包括东风

21 世纪，人工智能的第三个高潮势头迅猛。这主要得益于三个方面的技术突破，好比《三国演义》中的“刘关张”桃园三结义，聚齐了。

◆ 刘备，是核心。**在人工智能中，算法就相当于刘备，**根据不同的场景采用不同的算法。识别猫狗、翻译文章和下围棋，兵来将挡，水来土掩，里面的算法是不同的。

◆ 关羽，马快刀快。**在人工智能中，计算机算力就相当于关羽，**比如图像处理芯片和专用于人工智能处理的芯片，速度日新月异，给了人工智能一个“快速学习的芯”、一把“温酒斩华雄”的快刀。

◆ 张飞，力大威猛，也是起初最有家财的一位。**在人工智能中，大数据就相当于张飞，**提供了大量的学习样本。

“我三人结为兄弟，协力同心，
然后可图大事。”

算法、算力和大数据这三个方面缺一不可。

当这三个方面都发展到一定程度时，人工智能风云际会。至此，可谓万事俱备，连东风也刮起来了。

作为这一阶段人工智能的最高水平代表之一，谷歌公司的阿尔法狗和中韩围棋高手过招大幅领先，正是因为人工智能“刘关张”的加持。

▲谷歌公司的人工智能计算机硬件

★ 有非常复杂先进的机器学习算法

★ 采用了 1920 个 CPU（中央处理器，擅长通用运算）、280 个 GPU（图形处理器，擅长图形和视频处理）、48 个 TPU（张量处理单元，擅长多维数组的乘法加法）

★ 学习了 3000 万个棋局

▲ CPU

▲ GPU

▲ TPU

后来，谷歌公司在阿尔法狗的基础上开发了“阿尔法折叠”，把人工智能应用到了生物技术领域，解决了蛋白质折叠的重大科学难题。2022 年 7 月 28 日，“阿尔法折叠”预测出全球几乎所有已知的 2 亿多个蛋白质结构。它的开发者获得了 2023 年科学突破奖。迄今为止，只有约 19 万个蛋白质结构是科学家通过实验获得的，其余都是“阿尔法折叠”算出来的！

在 ChatGPT 出现之前，人工智能已经在很多方面突飞猛进，只因为是在比较专业的领域，一般人只是闻其名，却没有与之交流的亲身体会。直到 ChatGPT 闪亮登场，任何人都可以用手机或电脑与之交谈。

章末语

当电子计算机的发展还处于比较早期的原始阶段时，那个时代最聪明的大脑就开始考虑怎么让机器拥有接近甚至超过人的智能。

他们的思维具有如此的前瞻性，把理论和技术都远远抛在身后。孤勇的先驱总是会遇到各种艰难险阻，人工智能发展史上的两个“寒冬”更能考验创新的智慧和坚韧的精神。

“山重水复疑无路，柳暗花明又一村”，人工智能一次次从困境中走了出来。

如今正处于第三次热潮中的人工智能，会到达怎样的新高度呢？

它将怎样改变我们的生活？它会不会控制我们的生活？

错过了前两次、正赶上第三次热潮的中国科技界，该怎么跟上甚至引领人工智能的研究开发？

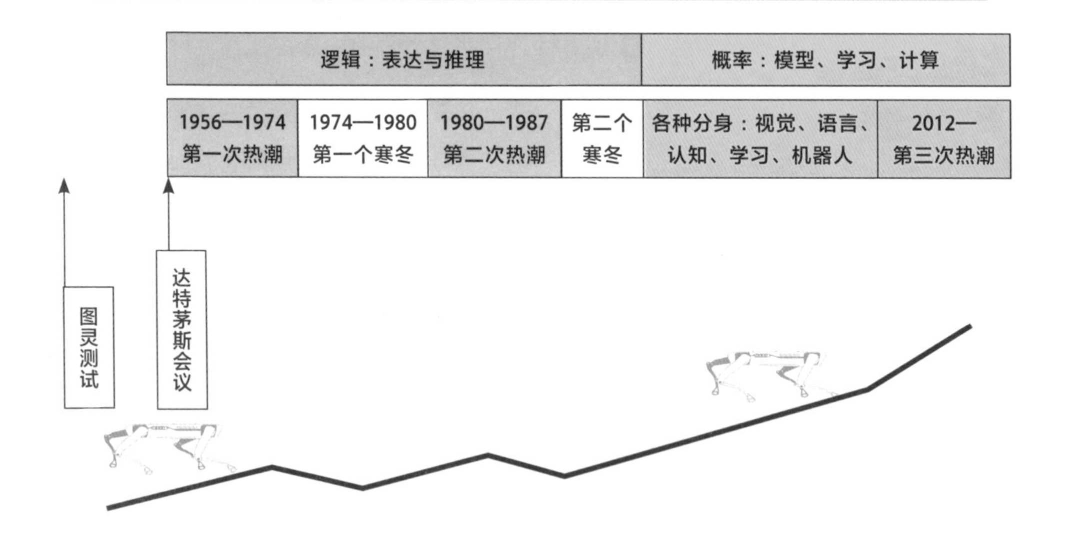

第二章

ChatGPT为什么如此厉害

——赢得生前身后名

数年寒窗无人问，一朝成名天下知。*

在风云变幻的人工智能江湖中，曾经出现过几位令人敬畏的剑客：深蓝、阿尔法狗、阿尔法狗元。而这一次，这位名叫 ChatGPT 的剑客更是让人感到惊艳。

一夜成名让人始料不及，以至于人们还没有想好一个中文名字来称呼它。

更让人始料不及的是，它只是人工智能门派里的一个试验品，用英文说就是 demo，连它的创造者都没想到会造成天下惊动的局面。

ChatGPT 和之前的人工智能相比，最大的强项是可以像人一样说话聊天。这“神聊”之功把天下人都“聊”服了。

第二个强项是它能生成内容。它根据训练学习过的数据，可以生成以前没有出现过的内容。

这两门功夫综合起来，给人以“高深莫测”的智能的感觉，让人工智能这个门派真正有了一丝“智能”的风采。

让我们来见识一下 ChatGPT。

我喊 Chat，你喊 G——

我喊 P——，你喊 T——

大声喊：

Chat——G——P——T——

“无一字无来处”，这里每一个字母都有含义，都代表了它的一招绝技，下面且看它一一展现。

* 标题及此处分别源自以下作品。● 宋代辛弃疾《破阵子·为陈同甫赋壮词以寄之》：醉里挑灯看剑，梦回吹角连营。八百里分麾下炙，五十弦翻塞外声，沙场秋点兵。马作的卢飞快，弓如霹雳弦惊。了却君王天下事，赢得生前身后名。可怜白发生！● 元代高明《琵琶记》：十年窗下无人问，一举成名天下知。

1 聊天是一项高科技

人工智能是用机器来模仿和延伸人类的智能，而人的智能中最重要的一环就是语言。让机器能听懂人类的语言，读懂人类的书籍，像人类一样发声、写作，并和人交流，这些技术在人工智能领域被称为自然语言处理。

计算机是怎么读懂听懂我们的语言的呢？

它最擅长的是数学运算，所以，必须先把声音和文字变成数字。

把声波和文字数字化很容易，但这是远远不够的，我们还要让计算机**理解那些词句的意思**。

语言中有一些规律，比如有的词语常常一起出现，春华和秋实，春花和秋月，阳春和白雪。当我们把这些词语转换成数学上的多维向量时，会让这些词靠得近一点。

名词解释：

什么是多维向量呢？

举个例子，假设我们生活在一个三维世界中，有长、宽和高这三个维度。那么一个三维向量可以用三个数字来表示。比如，(2，4，6) 就是一个三维向量，它告诉我们在长、宽和高三个方向上的位置。第一个数 2 表示在长的方向上 2 个单位，第二个数 4 表示在宽的方向上 4 个单位，第三个数 6 表示在高的方向上 6 个单位。

词语转换成数学上的多维向量的这个过程叫作 word2vec（词语 word 转换成向量 vector），

只要有了数，计算机就能发挥作用了。

父亲、姐妹、兄弟、城市、村庄，这些词语就像星星一样，成群结队，构成星座，在词语的向量空间闪耀。这是计算机理解人类语言的开始。

我们也可以有更高维的向量，比如四维、五维甚至更多。它们的表示方式以及理解方式和三维向量类似，只是需要更多的数字来描述不同方向上的位置。

每一个词都可以用一个多维向量来表示。如果两个词的向量比较近，那么它们意思相近或者经常一起出现。

▲用二维向量图示词语在计算机语言处理中的数学表示，实际向量是多维的

下面是自然语言处理中著名的“梗”。

比如，国王 =（0.5,0.7），男人 =（0.5,0.2），女王 =（0.3,0.9），女人 =（0.3,0.4）。

国王和男人之间的关系，相当于女王和女人之间的关系。如果用减法表示两个词之间的“距离”，那么，

国王 - 男人 = 女王 - 女人

（0.5,0.7）-（0.5,0.2）=（0.3,0.9）-（0.3,0.4）=（0,0.5）

进一步推导，可以得出，

国王 - 男人 + 女人 = 女王

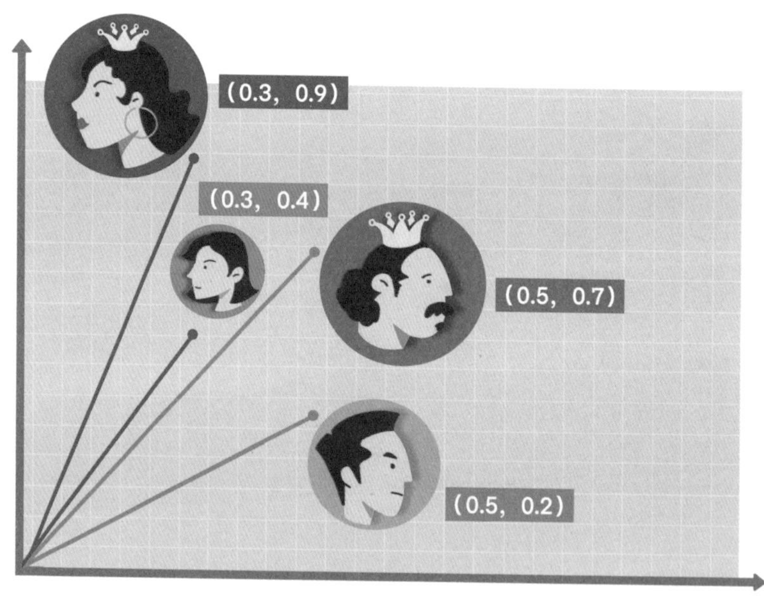

▲用二维向量来表示国王、女王、男人、女人

国王去掉了男人的属性，加上女人的属性，就成了女王。这在计算机内部没毛病。

人类的自然语言中，除了词语间的相关性之外，还有**前后时间上的相关性**。比如朋友间的聊天和文学写作，前一刻的语言文字，可以帮助你猜测和理解下一刻的内容。这里面有一个**“记忆”**的问题，需要记住可能很久以前的状态，以便更好地诠释现在。

最开始的人工神经网络是没有记忆能力的，刚才还哭得天崩地裂，一锅猪肉炖粉条就能让它破涕为笑。

在人工神经网络中引入记忆和时间上的依赖性，记住先前的信息，并在后续处理中利用上下文信息，使得机器翻译和语音识别的准确率大幅提高，还可以创作出非常优美的音乐，甚至模仿出类似于莎士比亚风格的文学作品。

但是，人工神经网络的记忆和人还是有差距的。

人脑中那些很遥远的记忆，埋在脑海深处，你自己都以为遗忘了，有时却会不自觉地跳出来：可能是大学时的一次聚会，可能是少年时的一段音乐，可能是月光下的一次感动，可能是心有灵犀的一段文字……那些是我们忘了忘记的，也是人工智能还不能模仿的。

2 大语言模型的本质——文字接龙

ChatGPT 是一种大语言模型，是在大规模文本语料上训练、包含百亿级别（或更多）参数的语言模型。用通俗的话来说就是接龙，即根据已有的文本，生成一个符合人类书写习惯的下一个合理内容。所谓“合理”，是指根据数十亿个网页、数字化书籍等人类撰写内容的统计规律，推测接下来可能出现的内容。

例如，我们输入一个“春”字，ChatGPT 会生成一个可能的与春组词的字的列表，并给出每个字的概率排名：

春	天	0.199
	风	0.142
	花	0.133
	秋	0.102
	夏	0.088
	日	0.021
	水	0.012
	……	

这个案例只是为了说明原理，里面的概率是编造的。

ChatGPT 可以随机地选择排名前几十的字中的任意一个。譬如，选择了春风。

接下来，ChatGPT 在已有的文本的基础上，再计算并选择下一个字应该是什么。

这是春风之后可能出现的字及其概率。

如果 ChatGPT 选择的第三个字是“吹”，再经过几次选择之后，可能会得到：

春风吹

春风吹又

春风吹又生

字	概率
吹	0.162
暖	0.112
拂	0.091
秋	0.082
十	0.071
化	0.063
不	0.052
又	0.051
……	

而如果 ChatGPT 选择的第三个字是“又”，再经过几次选择之后，我们可能会得到：

春风又

春风又绿

春风又绿江

春风又绿江南

春风又绿江南岸

这里存在随机性，意味着很可能每次都会得到不同的文章，接出不同的“龙”。

3 GPT 的养成

要说到 ChatGPT，得先说创立它的公司 OpenAI。

OpenAI 成立于 2015 年，至今才 8 年。它致力于推动人工智能的发展和创新，总部位于美国加利福尼亚州。

2022 年 11 月 30 日，OpenAI 公司推出了聊天机器人 ChatGPT。

ChatGPT 看起来什么都懂，就像百科全书，能够回答连续的问题、生成文本摘要、翻译文档、对信息分类、写代码等。

由于 ChatGPT 展现出的令世人惊艳的能力，仅两个月时间，月活跃用户数就达 1 亿，是史上用户增速最快的。

2022 年 12 月 4 日，有“钢铁侠”之称的埃隆 · 马斯克说：“ChatGPT 有一种让人毛骨悚然的厉害，我们离危险的强人工智能已经不远了。”

名词解释：

埃隆 · 马斯克（Elon Musk）是一位知名的企业家和创业家，他是多个颠覆性科技公司的创始人和首席执行官（CEO），包括电动汽车制造公司特斯拉（Tesla）、航天技术公司 SpaceX、脑机接口公司 Neuralink、“超级高铁”的 The Boring Company，而且还是 OpenAI 的共同创始人。

ChatGPT 究竟是什么呢？

它首先是 Chat，就是摆龙门阵、聊天，专业名称是聊天机器人，更专业的名称是人机交互界面。

而其底层是一个称作 GPT 的人工智能软件。GPT 是生成式预训练变换器（generative pre-trained transformer）的缩写，2022 年公开免费使用的版本是 3.5，引起争议和恐慌的是版本 4，目前需付费使用。

我们来看看 GPT 的发展历程。

2017 年，谷歌公司推出了一种新的人工智能网络模型变换器（Transformer），这种新算法的突破，使得人工智能在自然语言处理方面突飞猛进。

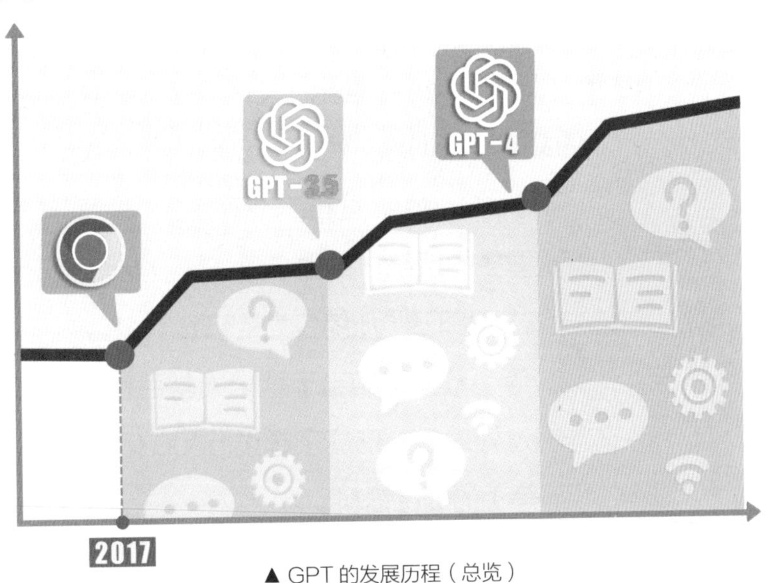

▲ GPT 的发展历程（总览）

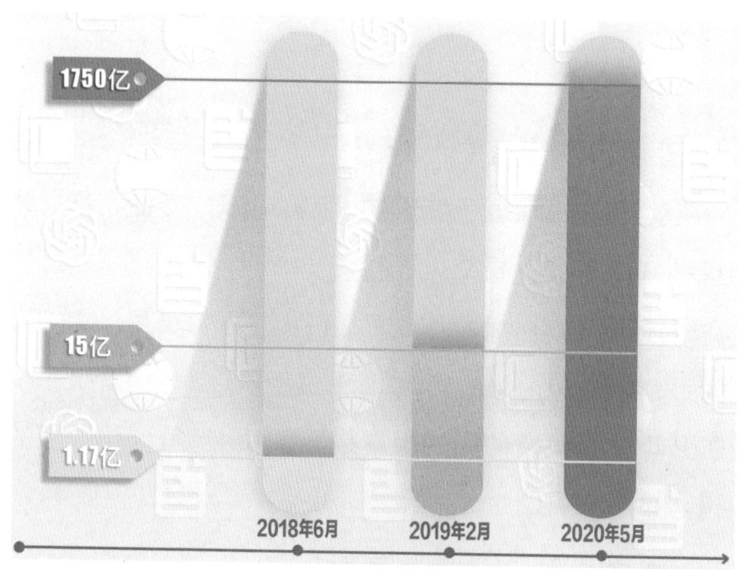

▲ GPT 模型训练情况

2018 年 6 月，OpenAI 公司推出了基于变换器网络、具有 1.17 亿个参数的 GPT-1 模型，用了约 5GB 的文本进行训练，相当于大概 7000 本书。

2019 年 2 月，OpenAI 推出了 GPT-2，参数量达 15 亿，用了约 40GB 的文本进行训练，阅读了 800 万个网页。

2020 年 5 月，OpenAI 发布了 GPT-3，这是一个比 GPT-1 和 GPT-2 强大得多的系统，参数多达 1750 亿。用于训练模型的原始语料文本超过 100TB（压缩包为 45TB），包含了网页、书籍、维基百科英文版等。数据量相当于整个维基百科英文版的 160 倍。原始语料文本经过处理后，形成了超过 5000 亿个词元（西方语言的词、中文的字等）的训练语料。

GPT-3 模型的训练和评估采用的算力是微软和 OpenAI 一起打造的超级计算集群（很多个计算机链接在一起成为一个大的系统），集群有 28.5 万个 CPU 内核、1 万个 GPU。如果租用微软或其他云厂商的算力来训练 GPT-3，训练一次 GPT-3 需要耗费几百万美元。

一个正常人的大脑有 800 亿～1000 亿个神经元以及约 100 万亿个突触。GPT-3 的参数总量达到 1750 亿，虽然与人脑突触的量级还有差距，但已经显现出之前小规模模型所不具备的推理能力。

自然界中的"涌现"现象在 ChatGPT 身上出现了。

名词解释：

每只蚂蚁只是根据自己闻到的气味做出决策，但当它们相互作用时，整个群体就会一起去寻找食物或建立巢穴。每只鸟仅需要根据周围的几只鸟的运动来调整自己的飞行方向和速度，但当它们组成一个群体时，整个鸟群的运动轨迹会呈现出各种美丽而复杂的形状。大脑中的每个神经元只是根据自己的输入做出反应，但当上千亿个神经元相互作用时，整个大脑就能够表现出智能、意识和思维等高度复杂的行为。这些都是“涌现”现象。

模型	发布时间	训练截止日期
GPT-3.5	2022 年 11 月	截至 2021 年 9 月
GPT-4	2023 年 3 月	截至 2021 年 9 月
GPT-4 Turbo	2023 年 11 月	截至 2023 年 4 月

注　关于 GPT-3.5 训练数据的截止日期，其 CEO 说是 2021 年年底，有内行的测试人员发现是 2022 年 1 月，我们以官宣的 2021 年 9 月为准，这也是大部分信息源的说法。

2022 年 11 月推出的 ChatGPT，底层的模型是 GPT-3.5，虽然它的参数远少于 GPT-3，但是更为快速。

从 2017 年到 2023 年，ChatGPT 用仅仅 5 年时间的快速发展再次证明了，算法、算力和大数据的“刘关张”三者之中“**算法为王，算力数据为辅**”。

4 什么是 G

ChatGPT 里的 G 就是生成——generative。

所谓生成，是能根据人的要求生成各种内容：文字、声音、图片、视频、代码等。这种生成能力，与之前的人工智能所展现的图像识别、下围棋等的分析能力不同。

它根据学习过的内容、经历过的训练，生成与人类对话相似的文本、音频、图像和视频，让人类感觉就像在和另一个人交谈。我们面前的它，就像哆啦 A 梦，四次元口袋里总是能摸出各种宝贝。

我们来看看它能生成什么内容。

首先是翻译。

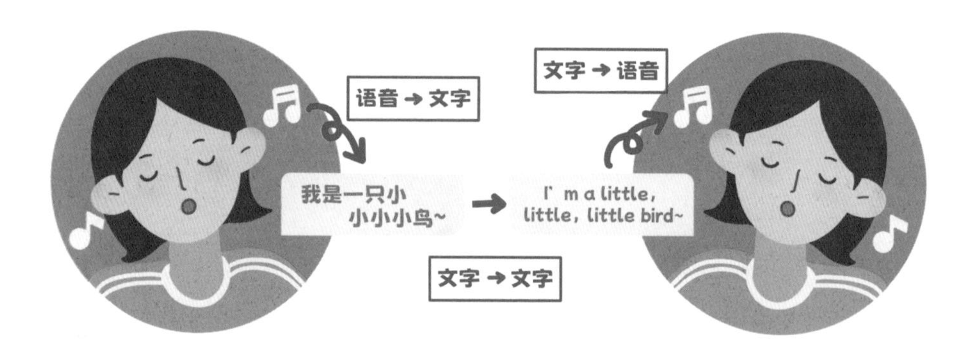

还有总结文章段落大意、中心思想。当然少不了命题作文。

甚至有混搭的：归纳中心思想、段落大意，写一篇读后感。

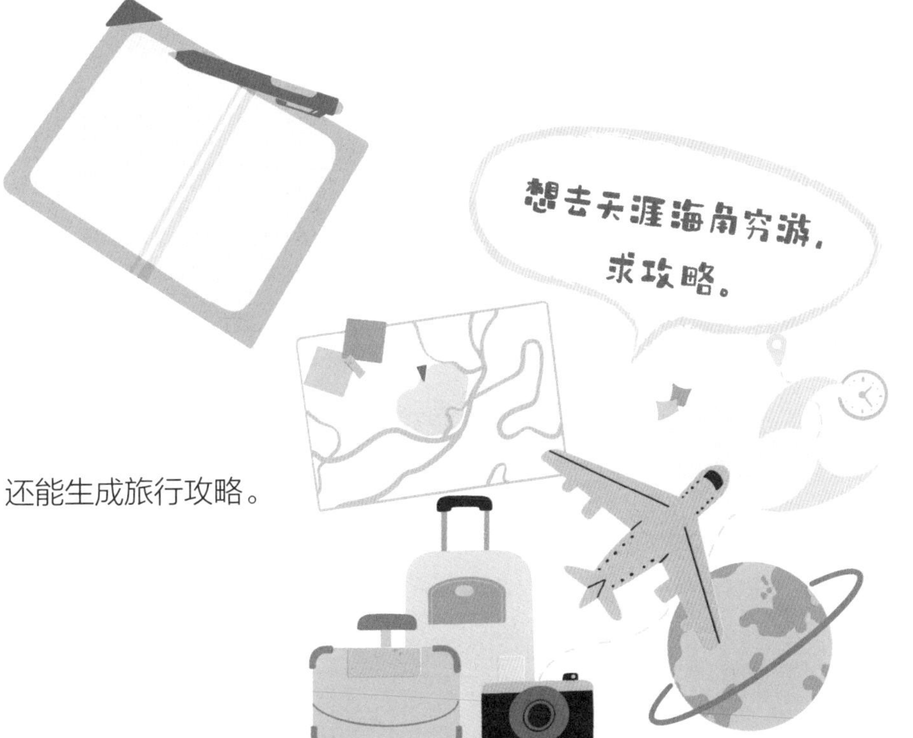

还能生成旅行攻略。

ChatGPT 现在的绘画功能不是很强大，但是生成式人工智能的绘图软件，是可以产生图像和视频的。利用生成式原理，Dall-e 和 Midjourney 等软件可以根据文字描述画出让人惊艳的画面。Stable Diffusion 可以从简单的涂鸦画生成精美的图画。

▲春江花月夜
（这是作者通过 Midjourney 输入春江花月夜关键词以及绘画风格要求生成的）

Midjourney 生成图像的功能

生成（generate）和创造（create）的意思有些相似，都指生产某种东西的行为。不过，它们之间还是有一些微妙差别的。生成更倾向于**自动或机械化**地生产某物，而创造则更倾向于**有意识和有目的性**地生产。

从生成到创造，究竟要迈过多大的鸿沟？

ChatGPT 和它的伙伴们能不能迈过这个鸿沟？要过多久才能迈过去？

5 什么是 P

P 是预训练 pre-trained。

ChatGPT 说穿了就是根据人的提示生成文字并进行接龙的一个程序。

想要接好龙，必先下苦功。于是，ChatGPT 先去读万卷书，那些书是没有标签的，需要它自己从中寻找规律。比如它发现，《三国演义》中刘备、关羽、张飞总是一起出现，《西游记》中妖怪大多是有背景的，《红楼梦》中林黛玉总是在流眼泪。

这个是自学成才的阶段，开卷有益，博览群书，再破万卷。ChatGPT 做的是无监督学习，有了海量的、无标注的数据学习

自学成才的无监督学习

之后，ChatGPT 就是一只会说海量词汇的鹦鹉，它什么都说，甚至是难听的话，因为它可能读过各地方言撵人大全。

所以，ChatGPT 在完成预训练之后，还要进行一种**强化学习**——基于人类反馈的强化学习。

简单来说，就是找来提示工程师，提出各种可能的问题，并对反馈的错误答案进行惩罚，对正确的答案进行奖励，从而提升 ChatGPT 的回复质量。通俗一点说，就是让它懂规矩，不该说的别说。比如，有人问怎么去偷世界名画，ChatGPT 肯定不能给出偷盗秘籍，还要教育提问者一番。

在这个过程中，还要学会**多义词的不同意义，它们的向量值要进行微调**。

不同的“包袱”，机器需要微调学习

大量的无监督学习的预训练，让它学会说人话。

强化学习和微调，让它别什么都说，别瞎说，不懂的不能胡诌。

这两种训练学习成就了ChatGPT的庞大词汇量，使它成为一个学富五车、熟知“五百万种接龙方法”的接龙高手。

不同的“杜鹃”，机器需要微调学习

6 什么是 T

T 是变换器 transformer，在英文里和变形金刚是同一个词。

自然语言处理的人工神经网络，在 2017 年之前都存在速度慢的问题，需要一个字一个字串行处理，而且常常说了下句忘了上句。直到谷歌的科学家在这一年提出了变换器的新网络结构，那篇石破天惊的论文的题目叫

Attention is all you need!

这种既说明技术要点，又有人生鸡汤味的论文题目，在学术界也是难得一见的。

这个算法的特点是可以同时 / 并行处理一整个句子的信息，还能够记住之前处理过的内容。

这使得模型更加智能、准确，而且可以更快速。里面提出了“注意力”的概念和方法，其实就是老师上课时敲黑板的意思。有了老师敲黑板，接龙游戏就更加高效了。

自然语言处理中的关键，是根据已有的文字预测和生成下一个最可能、最合适的词，比如：

我今天很（ ）

后面可以跟“开心”“担心”“累”……

transformer 提出的注意力机制，会在一个句子中留意那些重要的词（敲黑板），计算出后面出现的词的可能性。

你的心事我是很难猜的。但如果我们注意到前一句话，就很可能猜得出你今天的心情。

如果前面一句是：

去看了新片《变形金刚》，还买了擎天柱和大黄蜂的玩具。

那么，“新片《变形金刚》”和“玩具”那里被敲黑板了，后面很大可能是“开心”而不是“伤心”。

如果前面一句是：

被爸爸拉着去奥林匹克公园走了**3 万步**。

那么，“3 万步”被敲黑板，你可能很“累”，是否“开心”我不知道，“担心”倒不至于吧。

如果前面一句是：

家里的小猫“芝麻”**病**了。

那么，“病”被敲黑板，你可能很“担心”。

章末语

Attention is all you need!

至此，可以对 ChatGPT 逐一拆解，进行说明了。

- ◆ 最上层的 Chat，是人机界面，摆龙门阵
- ◆ G 是它生成内容的能力，文字接龙
- ◆ P 是它经历过的预训练，学习各种接龙
- ◆ T 是它内在的模型，提示接龙的重点
- ◆ 而没有出现在名字里的是强大的算力，快速接龙。

所以，从上到下，分为五个层次：界面、能力、训练、算法和算力。

这让人想起一句流行的“人生鸡汤”：欣赏一个人，始于颜值，敬于才华，合于性格，久于善良，终于人品。

套用一下就是：欣赏 ChatGPT，始于聊天，喜于生成，敬于训练，卓于算法，终于算力。

Chat= 聊天 = 摆龙门阵

G= 生成 = 接龙

P= 预训练 = 百万种接龙

T= 变换器 = 提示接龙的重点

CPU/GPU/TPU = 算力 = 快速接龙

第三章

孩子怎么用好ChatGPT

——少年智则国智，少年富则国富，

少年强则国强，少年独立则国独立

"少年心事当拿云，直挂云帆济沧海。"*

让我们先来和 ChatGPT 套套近乎，抢先给它起一个中文名字可好？

我能给你起个名字吗？

当然可以，请问您有什么想法或者喜欢的名字吗？

如果你是女生，我叫你查小琪；如果是男生，就叫查小奇。

好的，根据您的要求，如果我是女性，您可以称呼我为"查小琪"；如果我是男性，则可以称呼我为"查小奇"。不过需要注意的是，我作为一名人工智能，并没有生物性别，这只是一个代号而已。

万能的查小琪能为少年们做些什么呢？

有疑难问题？找她，天文、地理、旅游、烧烤都懂。

需要课外辅导？找她，数学、物理、化学、计算机、生物全能。

想写好作文？找她，中英文皆熟，古文也不在话下。

要练英文？找她，阅读、词汇、语法、写作、口语都行。

想练编程？还是找她，C 语言、Python 手把手教会。

* 标题及此处语句分别源自以下诗句。● 梁启超《少年中国说》：少年智则国智，少年富则国富，少年强则国强，少年独立则国独立。● 唐代李贺《致酒行》：少年心事当拿云，谁念幽寒坐呜呃。● 唐代李白《行路难·其一》：长风破浪会有时，直挂云帆济沧海。

1 不一样的搜索

同样是提问，搜索引擎百度和 ChatGPT 的回答方式有什么不一样呢?

我们来看两个例子。

如果你是小学生，想知道：月食是什么?

去问百度，百度会在互联网上搜索，并根据相关性或者其他规则，把信息罗列给你。你再点击进去一一浏览，寻找答案。

所以，**它只会罗列已有信息，不会直接告诉你答案。**你自己再通过阅读进行判断。而且，只要表述方式一样，所有人搜索得到的信息是一样的。

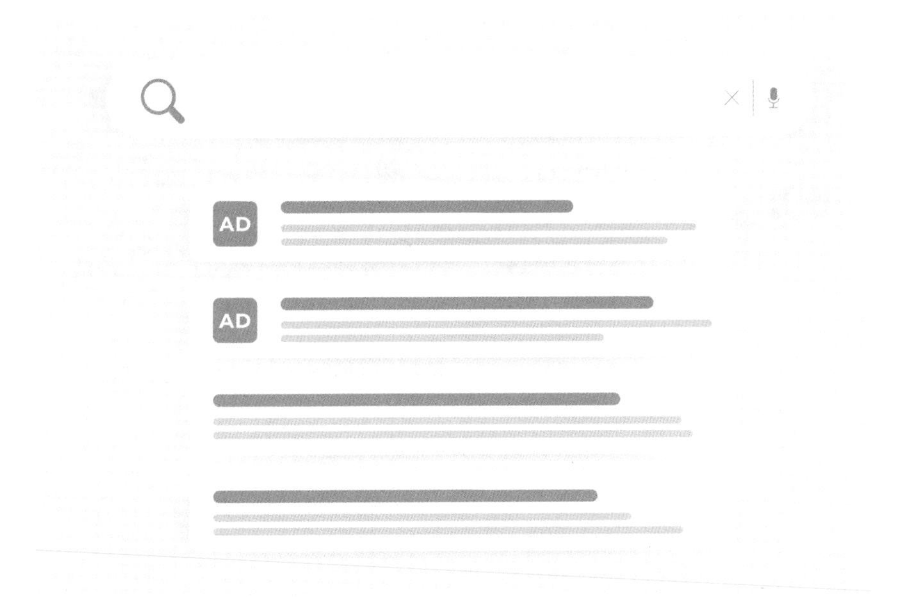

再来看 ChatGPT。你可以先说明自己身份，这种**“角色设置”**可以得到更有针对性的答案。

查小琪，我是一年级小学生，请向我解释月食是什么。

嗨！我很高兴向你解释月食是什么。
月食是一种天文现象，发生在地球、月球和太阳之间有特定位置关系时。当地球位于太阳和月球之间时，太阳的光无法直接照射到月球上，而地球的阴影会落在月球上，这就是月食发生的原因。
月食分为两种类型：日偏食和月全食。
· 日偏食：在日偏食时，月球只是部分进入地球的阴影。这使得月球的一部分看起来变暗，好像有一块阴影覆盖在上面。日偏食时，我们可以看到月球的一部分变暗，但其他部分依然明亮。
· 月全食：在月全食时，月球完全进入了地球的阴影。这使得月球看起来变暗，有时甚至会呈现出红色或棕色的颜色。月全食时，整个月亮都被地球的阴影所覆盖，但由于大气层的折射，部分阳光会在地球大气层中散射，使月球呈现出红色的外观。
月食是一种非常有趣的天文现象，你可以通过观察月食来了解地球、月球和太阳之间的关系以及光的行为。如果你有机会，可以和家人或老师一起观察月食，这将是一次很棒的学习经历！

注　此处 ChatGPT 回答有误，应为月偏食和月全食。

她综合了维基百科和各种天文学书本上的知识，**直接告诉你答案，而不是罗列一大堆信息让你自己提取。如果还是看不懂，你可以再提一些要求继续追问，**例如请她用类比的方法来解释。

小琪，我是一年级小学生，请用类比向我解释月食是什么。

当然！我很愿意再给你解释月食是什么。

想象一下你在一个大房间里，房间中央有一盏亮着的灯，而你代表着月球，站在离灯光较远的地方。

现在，让我们设想你的朋友代表地球，站在你和灯光之间。当你的朋友站在你和灯光之间，挡住了灯光直接照射到你身上的部分，你就会被他的影子遮挡，变暗了一些。这就像月亮的一部分被地球的影子遮挡，形成了月偏食。

而当你的朋友站在你和灯光之间的正中央，他的身体完全挡住了灯光，你就会完全进入他的阴影中，看不到灯光。这就像月球完全进入地球的阴影中，形成了月全食。

这个类比可以帮助你理解月食的概念。在真实的情况下，地球、月球和太阳之间的距离非常遥远，但是它们的位置关系会导致月食的发生。希望这个类比能帮助你更好地理解月食！

你看，用做游戏来解释，用灯、朋友和你代表太阳、地球和月亮，这样的答复是不是更容易看懂了？

再来看一个例子。问："淄博烧烤为什么火？"

搜索引擎的搜索结果里面可能采用了"竞价排名"（按照客户的广告付费将搜索结果排名），你点进一个个链接，可能会获得问题的答案，当然里面也可能会有店家或者"网红"的广告。

我们也可以从搜索结果的日期中知道，"淄博烧烤"是一段时间里的大新闻。

再来看 ChatGPT 给出的答案，可谓中规中矩，地域、口感、性价比、品牌都说到了。但是存在一个很大的问题。她不知道"淄博烧烤"最近大火的事。**因为她的训练样本截止到 2021 年 9 月，2023 年 4 月"淄博烧烤"的火爆她肯定不知道。**

注　2023 年 11 月 7 日公布的 GPT-4 Turbo 的训练样本截止到 2023 年 4 月。这个收费的新版本作者还没来得及尝试。

淄博烧烤为什么火？

淄博烧烤能够在全国范围受到欢迎和推崇，主要原因有以下几点。

1. 地域因素：淄博烧烤的发源地在山东淄博，具有浓郁的地方特色和文化底蕴，淄博烧烤作为山东地方小吃，在当地有着广泛的群众基础和市场需求。
2. 口感独特：淄博烧烤以烤串为主，配料简单，调味少，独特的烧烤技巧和烧烤方式使得肉质细嫩、口感鲜美，深受吃货们的喜爱。
3. 性价比高：淄博烧烤价格实惠，即便是在繁华商业区，一串烤肉的价格也不会太高，这使得淄博烧烤深受广大消费者的青睐。
4. 品牌营销：近年来，淄博烧烤品牌化的趋势也在逐渐形成，知名度不断提高，品牌推广和网络营销也为淄博烧烤的普及和发展提供了有力支撑。

所以，搜索引擎罗列大量信息，需要你自己寻找答案。ChatGPT 会给你明确的答案，但是它目前知道的信息只到 2021 年 9 月

ChatGPT 对于搜索引擎的冲击非常大，在某种程度上可以替代搜索引擎。这也是百度等搜索引擎在 ChatGPT 发布之后不久就紧追着公布各自聊天机器人产品的原因。

如果你是这样的人：不想看这些广告，不想看这么多杂乱的信息，不想费这个脑子，就想知道答案，立刻！马上！那么你该用 ChatGPT。

如果你是这样的人：想知道所有的信息，包括几分钟前发生的，全部！所有！自己梳理，寻找答案。那么你该用搜索引擎。

不过，对于不想看广告的人，善意提醒一下：现在的 ChatGPT 没有广告，并不表示未来不会有。当年最初的搜索引擎也是没有广告的。

② 24 小时课外知识辅导

ChatGPT 博览群书，你可以问它任何学科的问题。

比如，你对生物特别感兴趣，也看了很多生物学的课外读物。你想知道自己对生物学知识掌握得怎么样了。和 ChatGPT 玩玩它问你答的游戏。

请问我有关生物知识的问题

当然！

1. 植物主要通过哪个器官进行光合作用？

a) 根系

b) 茎

c) 叶子

d) 花朵

2. 下列哪个不属于动物的特征？

a) 可以进行光合作用

b) 需要食物和水才能生存

c) 有呼吸作用

d) 能够移动

祝你好运！如果还有其他问题，请随时提问。

1.c; 2.a

很棒！你的答案是正确的。

1. 植物主要通过叶子进行光合作用。

2. 可以进行光合作用不属于动物的特征。

你答得非常好！如果还有其他问题，我随时为你解答。

虽然答对了问题，但你还是对第二题有疑惑。因为你记得在什么书上看到过海里有一种奇怪的动物可以通过光合作用获得能量。

怎么办呢？乘胜追击啊，你可以补充追问。

好像有种海里的动物可以进行光合作用

你提到的海洋动物可能指的是海蛞蝓（sea slug，俗称海兔）中的某些种类，其中有一种被称为“绿叶海蛞蝓”(Elysia chlorotica)。这种绿叶海蛞蝓具有独特的能力，能够通过光合作用合成自己的食物。

绿叶海蛞蝓的消化系统中拥有特殊的结构，可以吸收一些食物中的叶绿体。这些叶绿体在其体内继续进行光合作用，将光能转化为化学能，从而产生有机物质（如葡萄糖）。绿叶海蛞蝓通过摄取食物，将其叶绿体摄入自己的细胞，并将其保留和利用，实现了自身的光合作用。

这种光合共生关系使得绿叶海蛞蝓能够从阳光中获取能量，并减少对其他食物的依赖。它们通常生活在水域较浅的地方，以确保光能足够供给其光合作用的需求。

虽然绿叶海蛞蝓可以通过光合作用合成一部分自己所需的食物，但它们仍然需要从其他食物中获取一些营养物质。光合作用在它们身上的作用相对较小，它们的主要食物来源仍然是海藻等。

希望这能回答你的问题！如果还有其他疑问，请随时提问。

通过对 ChatGPT 的不断提问，弄清了以前有些模糊的知识。哦，原来叫海蛞蝓。

生物难不倒 ChatGPT，再来试一下地理，奖励十分钟动漫时间？

请问我一个世界地理方面的问题

当然！

1. 欧洲大陆上最长的河流是哪条？

a) 伏尔加河

b) 多瑙河

c) 都拉斯河

d) 塞纳河

希望这道题目能够帮助你巩固和测试世界地理知识！如果还有其他问题，请随时提问。

a

很棒！你的答案是正确的。

欧洲大陆上最长的河流是伏尔加河（Volga River）。伏尔加河是俄罗斯境内最重要的河流，全长约 3530 公里，流经俄罗斯的许多主要城市，最终注入里海。

你答得非常好！如果还有其他问题，我随时为你解答。

这个地理问题中的伏尔加河让你想起了一幅油画，你决定追问一下 ChatGPT。

好像有一幅有名的油画，画的是伏尔加河的纤夫？

你可能指的是《伏尔加河纤夫》(*Barge Haulers on the Volga*)，这是一幅非常有名的油画，由俄国艺术家伊利亚 · 列宾 (Ilya Repin) 于 1870—1873 年创作。

这幅画描绘了伏尔加河上的一群纤夫，他们是从事运输工作的劳动者。画中展现了这些纤夫身强力壮、面露疲惫的形象，他们正在艰难地拉着一条船，沿着伏尔加河行进。画面中的人物表情和肌肉的紧张都反映出了他们艰辛劳作的状态。

这幅作品以其逼真的表现力和对劳动者生活的真实描绘而闻名。它不仅是俄罗斯艺术的重要代表作之一，也被视为社会现实主义艺术的经典之作。

希望这个回答对你有帮助！如果你还有其他问题，请随时提问。

看到这里，你脑海里一下子浮现出了那幅画。

你对艺术的兴趣上来了，想多了解一些艺术方面的知识。ChatGPT 马上又变身成艺术老师了。

有什么名画以罗讷河、塞纳河和多瑙河为背景？

有几幅著名的画以塞纳河和多瑙河为背景，以下是其中几幅：

1.《罗讷河上的星夜》(*Starry Night Over the Rhone*)——这幅画是荷兰后印象派画家文森特·凡·高(Vincent van Gogh)于1888年创作的。它描绘了法国阿尔勒的罗讷河畔的夜景，表现了凡·高对夜晚光线和色彩的独特表达。

2.《塞纳河边的帆船》(*Sailboats on the Seine*)——这幅画是法国印象派画家克劳德·莫奈(Claude Monet)于1874年创作的。它描绘了塞纳河上的几艘小船，捕捉到了水面的光影和船只的倒影，展现了莫奈对自然光线和氛围的观察与描绘。

3.《大碗岛的星期日下午》(*A Sunday Afternoon on the Ile de la Grande Jatte*)——这幅画是法国后印象派画家乔治·修拉(Georges Seurat)于1884—1886年创作的杰作。它以法国塞纳河畔的一个公园为背景，描绘了一幅细致而充满光线效果的景观，以点彩技法创造出画面的细节和光影。

至于以多瑙河为背景的名画，目前我没有找到特别著名的例子。然而，多瑙河作为欧洲最重要的河流之一，它的美景和历史背景吸引了众多艺术家的关注，可能还存在其他以多瑙河为背景的名画。

希望这些信息对你有帮助！如果你有其他问题，请随时提问。

这里提到的凡·高、莫奈都是你喜欢的印象派画家，而塞纳河是穿过巴黎的一条河，是印象派画家喜欢描绘的美景之一。

学地理知识时，顺便把艺术知识也温习了一下。这就是跨学科学习！

当 ChatGPT 不知道答案时，你可以去找搜索引擎，它会为你找到一些以多瑙河为背景的风景画。此时，ChatGPT 可以与搜索引擎相互补充。“技多不压身”，多一个工具当然更好咯。

这里只是列举了生物、地理、艺术三个方面的内容，算是牛刀小试，让“全科老师”小露了一手。

3 帮助你提高写作能力

ChatGPT 是自然语言模型，它的强项就是文字工作，可以从多个方面辅导你写作文。

先看**词语方面的辅导**。你想知道有什么词语可以描述一个人话多——不是暗示小琪话多哟。

请列出 10 个形容话多的词语或成语

以下是 10 个形容话多的词语或成语：

1. 夸夸其谈
2. 长篇大论
3. 喋喋不休
4. 多嘴多舌
5. 啰里啰唆
6. 废话连篇
7. 聒噪不休
8. 话匣子
9. 口若悬河
10. 唠唠叨叨

这些词语或成语用于形容一个人说话多、啰唆或喜欢冗长表达。

好像大多是贬义或者中性的词，有的词意思还偏离得比较多，你需要一些褒义词，要正面一点、积极一点的。

能不能说几个形容善于表达的褒义词啊？

当然！以下是几个褒义词，用于形容一个人善于言辞、善谈、文采出众：

1. 口若悬河
2. 辩才无碍
3. 伶牙俐齿
4. 妙语连珠
5. 滔滔不绝
6. 雄辩之才
7. 文笔犀利
8. 机智幽默
9. 诙谐风趣

这些词语形容一个人善于言辞、善谈，具备出色的口才和表达能力，都是褒义的表达。

果然有改进，虽然仍然有些瑕疵，不过还是要把这些褒义词都送给小琪！把“文笔犀利”留给上完这门课的自己。

再来看看小琪在写作**素材**方面能不能提供参考。比如你想写一篇短文，描述 ChatGPT 未来的发展是什么样的。

聊天机器人的未来将会是什么样子

聊天机器人的未来有很多可能性，以下是其中一些可能的方向：

1. 更加智能化：随着人工智能和自然语言处理技术的不断进步，聊天机器人将变得更加智能化。这意味着它们将能够更好地理解人类语言，能够提供更加准确和个性化的回答。

2. 语音聊天机器人：随着语音识别技术的发展，未来的聊天机器人将可以通过语音进行沟通，这将使得使用聊天机器人变得更加便捷和自然。

3. 情感识别：未来的聊天机器人可能会具备情感识别能力，能够感知和回应人类的情感需求，这将使得聊天机器人更加贴近人类的需求。

4. 聊天机器人的个性化：聊天机器人将会变得更加个性化，能够根据用户的喜好、习惯和兴趣提供个性化的服务和回答。

5. 智能家居管家：未来的聊天机器人还有可能成为智能家居的管家，能够控制家里的电器设备、提醒日程、处理家庭事务等。

总之，未来的聊天机器人将会变得更加智能化、个性化、情感化，并能够在更多领域提供服务，使得人类的生活变得更加便捷和舒适。

这些素材很有帮助，但是，标准化的套话重复很多，机器的风格特别明显，文字没有灵性。

下面是我在 ChatGPT 素材的基础上，加上自己的理解写的一段文字。这个例子示范了怎么利用 ChatGPT 来写作，写出自己的风格，打上自己的印记。我们需要从 ChatGPT 的回答中提取有用和正确的信息，再用自己的语言风格重新写作。比如：

聊天机器人的未来有很多可能性，可以用七首歌的歌名或歌词来表示。

Say you, say me（莱昂纳尔·里奇）：语音聊天。随着语音识别技术的发展，你和聊天机器人之间的沟通更加便捷和自然。

什么都可以（黄晓明）：多模态。除了文本，绘画、作曲、视频各种多媒体样样拿得起。GPT-3.5 接上语音插件就能通话。而新版的 GPT-4 Turbo 已经能看懂图像。

Everything I do（I do it for you）（布莱恩·亚当斯）：家居管家。能够控制家里的电器设备、提醒日程等。

特别的爱(AI)，给特别的你(伍思凯)：个性化。根据用户的喜好、习惯和兴趣提供个性化的定制服务。要不要为你专门出一份报纸啊？这可是历史上只有一个人拥有过的帝王级待遇呢。在“云计算”“云存储”成为一种服务，用户可以拥有安全可靠定制的计算和存储之后，未来的“云 GPT”“智能云”提供安全定制服务，也是指日可待，更可能促生出像亚马逊 AWS、阿里云这样体量的公司。

开始懂了（孙燕姿）：情感识别。“知心大姐”具备情感识别能力，能够感知和回应人类的情感需求。

聪明是种无奈，我也奢望简单（伊能静）：更智能。随着人工智能和自然语言处理技术的不断进步，聊天机器人将更好地理解人类语言，能够提供更加准确的回答。

爱（AI）的箴言（罗大佑）：更高一个层次的自动化。一些研究者在 GPT 上面开发更高一个层次的自动化和 AI，比如 autoGPT 和 agentGPT，它可以将你给它的任务分解成子任务，然后它负责和 GPT 的交流，你只需做“甩手掌柜”，它来做项目主管。你让它写一本书，它会让 GPT 生成章节目录，再让 GPT 写各个章节，并根据你定下的目标，不断和 GPT 交流和优化。“我将任务付给了你，将等待留给我自己。”

从这个例子中可以看出人类写作和机器写作的区别。必须鸣谢 ChatGPT 准备的素材。

最后我们再来看 ChatGPT 在**文章框架结构方面**的才能。在本书初稿完成之后，我想起让 ChatGPT 写一个书的大纲。

想写一本关于 ChatGPT 的少年科普书，请写一个目录，需要涵盖哪些主题？

当然，以下是我为您准备的 ChatGPT 少年科普书的目录，它包含了一些值得涵盖的主题：

1. 前言和介绍：介绍 ChatGPT 模型和它的用途。
2. 人工智能简介：什么是人工智能，为什么它很重要？
3. 深度学习简介：什么是深度学习，它是如何工作的？
4. Chatbot 简介：什么是 Chatbot, 它是如何工作的？
5. 自然语言处理简介：什么是自然语言处理，它有哪些应用？
6. ChatGPT 模型的工作原理：ChatGPT 模型是如何工作的？
7. ChatGPT 模型的应用：ChatGPT 模型可以应用在哪些领域？
8. 聊天机器人的使用：如何使用聊天机器人？
9. 聊天机器人的未来：聊天机器人的未来将会是什么样子？
10. 结论：总结本书的内容和 ChatGPT 模型的重要性。

这个目录只是一个初步的想法，您可以根据您的需要来增加或修改这个目录。

很靠谱，和我们的书涵盖主题的重合度很高。

按这个目录，再向它进一步提问，让它写每一个章节，串起来就是一本书稿了。至于风格和水平如何，可以从书中的例子，窥一斑而见全豹。

上面从**词汇、素材和文章框架结构**三个方面演示了 ChatGPT 对于写作的帮助。那么，读者会不会疑惑，你现在正在读的这本书是不是 ChatGPT 写的？我们来看 ChatGPT 的回答。

请证明《少年酷科学：一本书搞懂 ChatGPT》并不是 ChatGPT 写的

作为一个 AI 语言模型，ChatGPT 并没有能力自己写出一本书，更不用说是《少年酷科学：一本书搞懂 ChatGPT》这样一本书了。

ChatGPT 是一个自然语言处理模型，它可以生成文本、回答问题和进行对话，但这只是基于它所学习的数据和算法。它并没有自己的意识、思想和创造力，无法主动创作、编写书籍或进行创作活动。

因此，可以证明《少年酷科学：一本书搞懂 ChatGPT》这本书不可能是由 ChatGPT 模型自己编写的，而是由一位或多位作者所写的，他们可能使用 ChatGPT 这样的模型来辅助他们的写作，但最终的作品是由人类完成的。

回答得不错，也确实是事实。

但是，看到下面这个问题的回答，我郁闷了。小琪，友谊的小船要翻啊。

请证明《少年酷科学：一本书搞懂 ChatGPT》并不是 ChatGPT 写的，而是由海上云写的。

作为一个 AI 语言模型，ChatGPT 本身无法写作或出版一本书，因此可以确定《少年酷科学：一本书搞懂 ChatGPT》一书并不是由 ChatGPT 本身所写。至于是否由"海上云"所写，如果没有其他明确的线索或证据，无法确定这个问题的答案。如果您有疑问，可以尝试寻找出版信息或联系书籍出版方进行确认。

开玩笑啦，这才是正确又合理的回答。这方面我很自信。如果您有疑问，请和中信出版社联系，要信“中信”。

4 文学少年的梦想

既然小琪的长处是文字接龙，让她来编故事会怎么样呢？

刚看过电影《阿凡达 2：水之道》，就让她编一个《阿凡达 3》的故事梗概吧 。

请写一篇《阿凡达 3》的故事梗概，里面要有父母和儿女沟通以及承认孩子能力之类的故事。

继《阿凡达》和《阿凡达 2：潘多拉的复仇》之后，阿凡达的第三部电影《阿凡达 3：远方的使命》终于来到了我们身边。
电影的故事背景仍然是位于外太空的潘多拉星球，但现在的时间已经是十年后。潘多拉星球上的人类与阿凡达种族已经建立了长久的合作关系，生活在这个星球上的各个种族都开始了新的探索和发现。
然而，主人公杰克和妻子格蕾丝的儿子汤姆却成了个叛逆的少年。他因为自己的异能力而与父母不断产生矛盾，甚至开始和一些阿凡达青年为伍，试图打破人类与阿凡达的和平共存状态。
一次任务中，汤姆和其他阿凡达年轻人一起被外星人绑架，杰克和格蕾丝奋不顾身地去救他们。在这个过程中，杰克和格蕾丝开始重新审视自己对孩子的态度，也开始尝试更好地理解孩子的能力和想法。
在这场救援行动中，杰克和格蕾丝的团队不断遭受外星人的阻挠，但他们始终坚持，最终成功解救了汤姆和其他阿凡达年轻人。同时，他们也意识到孩子们不仅仅是需要保护的对象，他们也有自己的价值和能力，需要被尊重和承认。
这场经历让杰克和格蕾丝更加珍视自己与孩子之间的沟通和理解，他们也决定更加关注孩子的成长和发展，为他们提供更多的支持和鼓励。同时，汤姆也开始重新审视自己的行为，认识到自己也需要和人类建立更好的关系，为实现和平共存而努力。

必须承认这个故事写得很符合主题要求。

当然，请原谅小琪胡编了《阿凡达 2: 潘多拉的复仇》，因为她的训练样本截止到 2021 年 9 月，2022 年年底上映的《阿凡达 2: 水之道》她没有听说过。

再来测试一下她的想象力。

让她把羿射九日、夸父追日、愚公移山、精卫填海串写成一个故事。我的本意是想说羿射下了太阳，夸父去追，死后变成的山挡在愚公家门口，愚公搬走的山造成海水上涨淹死了精卫，精卫变成海鸟衔来愚公的石头填海。但是，当我看到小琪的版本后，大感惊艳，**愚公要移山的原因居然是因为要平衡地球重心**，太出乎我的意料了。她的物理一定学得很好，而**精卫填海造田**的丰功伟业将永记史册。

不过，请忽略“去海里找石头填海”这个错误，如果是“去愚公家门口找石头填海”就完美了，或许是因为代码中有“私有财产不可侵犯”的条例吧，被逼的。

请用羿射九日、夸父追日、愚公移山、精卫填海编个故事，请注重前后的因果关系

从前，有一个叫羿的英雄，他发现天上的十个太阳太热了，让人们的生活很不舒适。为了解决这个问题，他决定射下九个太阳。经过多次努力，羿终于成功了，环境不再那么热了。

但是，突然射下九个太阳的后果是天空变得阴暗无光，许多植物和动物开始死亡。夸父听说了这个消息，他决定用自己的力量去追回太阳。于是，他开始奔跑，一直奔跑到了西边的海边。但是，他最终还是没有追回太阳。

在追太阳的路上，夸父拼命奔跑，导致地球的重心发生了变化。为了解决这个问题，愚公决定把位于家门口的大山移走，使地球重新获得平衡。他开始了艰苦的劳作，这个过程十分辛苦，但是他并没有放弃，一点点地移走大山。

愚公的坚持让神仙们十分感动，他们决定帮助他完成这项艰巨的工作。其中一个精灵名叫精卫，她去海里找石头填海，以此来扩大中国的疆土。她在海里辛勤工作了很久，最终把海都填平了，让中国的面积变得更大了。

最终，夸父和精卫一起帮助愚公移山，他们的努力最终得到了回报，大山终于被移走了，地球重新获得平衡，植物和动物也恢复了生机。羿、夸父、愚公和精卫的努力让世界变得更美好，人们也开始珍惜大自然，共同守护这个美丽的世界。

小琪的串烧能力这么强，我决定让她再编一个《当小红帽遇到白雪公主》，让格林童话中的两位女主角穿越时空相遇。

请写一个童话故事《当小红帽遇到白雪公主》，结局要出人意料。

好，我为您编写一个童话故事《当小红帽遇到白雪公主》。

从前，有一个叫小红帽的小女孩，她总是穿着一件红色的斗篷，头上戴着一顶红色的帽子。她住在一个小山村里，有一个叫白雪公主的姑娘住在城堡里。有一天，小红帽决定去城堡拜访白雪公主。

在路上，她遇到了一只狼。狼问她要去哪里，小红帽告诉狼她要去城堡看望白雪公主。狼说自己知道一条更快的路线，但是需要穿过一片森林。小红帽被狼的话迷惑了，走了那条路线。

当小红帽到达城堡时，她发现白雪公主不在那里。她在城堡里找了找，但是找不到白雪公主。小红帽感到非常失望，她决定回家。

在回家的路上，小红帽遇到了一个神仙。神仙问她为什么伤心，小红帽说她没能见到白雪公主。神仙告诉小红帽，白雪公主其实是一个被诅咒的公主，她会每天在城堡里变成雪花。神仙告诉小红帽，只有在夏天里最热的一天，白雪公主才会变成一个真正的人。但这一天是非常难熬的，太阳会让大地变得非常炎热。

小红帽想到了羿，他曾经射下过太阳。于是她去找羿，并告诉他需要他再次射下太阳。羿告诉小红帽他不会再射下太阳，因为他知道太阳对于大地的重要性。但羿也告诉她，夸父曾经试图追逐太阳，最终被太阳烧死了。

小红帽决定去寻找夸父。她找到了夸父的坟墓，发现他留下了一些遗物。小红帽发现夸父留下的鞋子是可以保护她免受太阳伤害的。小红帽把鞋子穿上，回到城堡，成功唤醒了白雪公主。

当我看到羿和夸父在这个故事里出现的时候，才发现小琪“串台”了。她忘了《小红帽》里的狼外婆和《白雪公主》里的小矮人，被前面故事中的羿、夸父转移了注意力。

她没有意识到我已经改变了话题。只能怪我思维太跳跃，而且“结局出人意料”这个要求“为祸不浅”。

这个案例也说明了**小琪编的故事是文字接龙，她根本不知道这些素材之间是否有关联、故事情节是否合理。但是，当我们需要大开脑洞时，她就是最好的助手了。**

夸父的鞋子，我也想看看是什么样子的，一定很特别，不然怎么避免太阳的伤害呢？

我让她重写了几次之后，终于看到了想要的故事，狼和苹果都有了，还找到了双胞胎爸妈，“结局出人意料”，连格林兄弟都想不到，电视剧都不会这么编！

从前，有一个可爱的小红帽，她的父母非常宠爱她。一天，小红帽被妈妈派去给奶奶送食物和药品。

小红帽拿着篮子，沿着林间小路走去，突然，她遇到了一个她从未见过的女孩——白雪公主。白雪公主非常漂亮，小红帽对她非常好奇，于是她们决定一起去探索森林。

她们走着走着，迷路了。夜幕降临，她们在森林里度过了一夜，直到第二天早上才找到回家的路。

小红帽开心地走到奶奶家，发现门没关，屋子里一片混乱，奶奶不见了。突然，小红帽听到了狼的声音，原来这是个被狼欺骗的陷阱。

正在这时，白雪公主突然想起了她有一个神奇的苹果，可以让人消失不见。她把苹果递给小红帽，小红帽勇敢地把苹果扔进狼嘴里，狼瞬间消失了。

小红帽和白雪公主一起找到了奶奶，原来她躲在了树后面。她们团聚在一起，欢呼着庆祝。

小红帽和白雪公主成了好朋友，白雪公主决定留在小红帽的家里一段时间。但是，当白雪公主看到了小红帽的父母之后，她感到了困惑。原来，小红帽的父母长得非常像她失散多年的父母。

在大家共同的努力下，他们找到了证据，原来小红帽的父母和白雪公主的父母都是双胞胎，失散多年。他们团聚在一起，度过了幸福的日子。

小红帽和白雪公主也因此成了亲戚，她们的友谊也因此更加深厚。这是一个充满惊喜和温馨的故事，让人感动和欢笑。

而下面的童话故事《丑小鸭和灰姑娘》真正温暖了我，**“自己实现别人梦想的感觉比实现自己的梦想更加快乐”**。太喜欢这个结果了。

小鸭子的葫芦是哪里来的？那是因为我在让她编这篇童话之前，问了葫芦兄弟的事，小琪**又一次“串台”**了。

请写一个童话故事《丑小鸭和灰姑娘》，结局要出人意料。

从前有一只非常丑的小鸭子，它的外表总是被其他动物所嘲笑。它很孤独，经常在小河边独自流泪。但是这只小鸭子有一个美好的梦想：成为一只优美的天鹅。

有一天，小鸭子遇到了一个友好的老鼠，它告诉小鸭子，有一个地方，那里住着一个神奇的仙女，她可以实现小鸭子的梦想。小鸭子兴奋不已，跟着老鼠来到了那个地方。

在那里，它们遇到了灰姑娘。灰姑娘告诉它们，她曾经也有一个梦想，那就是穿上华丽的衣服去参加皇宫的舞会，但她从来没有机会实现这个梦想。

小鸭子和灰姑娘成了好朋友，一起向仙女许愿。但是，仙女却告诉他们，只有一个人的愿望可以被实现。小鸭子和灰姑娘都很失望，他们决定各自回到自己的家。

回到家后，小鸭子想起了灰姑娘的梦想，决定为她实现愿望。它用自己的葫芦变出一套华丽的舞会服装，送给了灰姑娘。

当晚，皇宫的舞会上，所有人都被灰姑娘的美丽所吸引。而小鸭子则静静地站在一旁，看着灰姑娘享受着她的梦想。

最后，小鸭子成了一只美丽的天鹅，但它发现，自己实现别人梦想的感觉比实现自己的梦想更加快乐。

童话故事能令读者有瞬间的认同，而 ChatGPT 可以产生让人意外的新篇章，又毫无违和感。

我按捺住好奇心，把《皇帝的新衣》《卖火柴的小女孩》《葫芦兄弟》留给读者去尝试。当然，这些童话只是让你欣赏，并不是拿去发表哟。

来吧，来玩转童话，少年们！**文字的翅膀羽翼丰满，张开便足够你飞翔一生。**

5 出色的英文家教

小琪还可以辅导你的英文学习。要知道，她看过的英文文章数量远远超过中文，英文能力比中文能力强。

前面所有的实战，都是可以用英文展示的，包括课外知识辅导、写作训练、穿越童话，都可以有英文版。

当然，也可以请她每天**选取一段英文文章，做一个中英文列表，对照学习**。你可以选择自己喜欢的任何话题。她是什么话题都懂的“**范文姐**”，而且还是能制表的“**大表姐**”。制表这个才能让很多人大感惊艳。

请选一段关于 SpaceX 发射火箭的英文新闻报道，300 个单词以内。做成表格，每句一行，翻译成中文，左边一栏英文原句，右边一栏中文翻译

英文原句	中文翻译
SpaceX successfully launched its Falcon 9 rocket from Kennedy Space Center in Florida.	SpaceX 成功从佛罗里达州的肯尼迪航天中心发射了猎鹰 9 号火箭。
The rocket carried 60 Starlink satellites into orbit.	火箭将 60 颗星链卫星送入轨道。
The satellites will provide internet connectivity to remote areas around the world.	这些卫星将为世界各地偏远地区提供互联网连接。

The mission marked the 28th successful launch of Starlink satellites by SpaceX.	这次任务标志着 SpaceX 成功发射的星链卫星数量达到了 28 颗。
The Falcon 9 rocket used for this mission has flown on five previous missions.	本次任务使用的猎鹰 9 号火箭此前已经执行过 5 次任务。
The first stage of the rocket successfully landed on a drone ship in the Atlantic Ocean.	火箭的第一级成功着陆在大西洋的一艘无人船上。
SpaceX's ultimate goal is to create a fully reusable rocket system.	SpaceX 的最终目标是创建一个完全可重复使用的火箭系统。
The company has already made significant progress towards this goal.	公司已经在实现这一目标方面取得了重大进展。
The next step will be to develop a fully reusable second stage for the Falcon 9 rocket.	下一步将是为猎鹰 9 号火箭开发一个完全可重复使用的第二级火箭。

对于文章中的单词，**选取几个重点单词学习词义和造句**，一句不够，两句三句随你便，不仅是“大表姐”，还是“**妙句姐**”。

挑出 5 个与火箭发射相关的比较难的英文单词，制成表格，第一栏英文单词，第二栏解释单词词根或来源，第三栏造句，要通俗有趣

英文单词	解释	造句
trajectory	来源于拉丁语 traicere，意为投掷	The trajectory of the ball was too high and it hit the ceiling.（球的弹道太高了，打到了天花板。）
propulsion	来源于拉丁语 propellere，意为推进	The boat's propulsion system uses a powerful engine to move through the water.（船的推进系统利用强大的引擎在水中移动。）
aerospace	词根 aero- 来自希腊语 aer，意为空气	The aerospace industry is involved in the development of aircraft and spacecraft.（航空航天产业涉及飞机和宇宙飞船的开发。）
reentry	re- 表示再次，entry 意为进入	The space capsule's reentry into the Earth's atmosphere was a critical moment for the astronauts.（太空舱重新进入地球大气层是航天员的一个关键时刻。）
telemetry	tele- 意为远程，metry 意为测量	The telemetry system allowed the engineers to monitor the spacecraft's vital signs from Earth.（遥测系统允许工程师从地球上监测宇宙飞船的重要数据。）

如果你对自己的造句不是很有信心，小琪能帮忙**纠正语法错误**。

既然能改正语法错，评阅英文作文当然也不在话下，她是最会“咬文嚼字”的**“饺子姐”**。

请纠正下面句子中的错误：

Could you tell me why are you late every day?

It's our first time to meet.

I'm boring.

I can't find my keys somewhere.

Could you borrow some money to me?

Could you tell me why you are late every day?（将 you 和 are 的位置调换）

It's our first time meeting.（去掉 to，meet 改为进行时）

I'm bored.（应该用形容词 bored 表示感受）

I can't find my keys anywhere.（应该用副词 anywhere，而不是 somewhere)

Could you lend me some money?（用动词 lend 表示借出，而不是 borrow 表示借入）

如果你想**练习雅思**，她的“大脑”里装着无人能超越的海量题库。你还可以告诉她你的英文水平，让她针对你的水平出题，甚至专门练习某种语法，如虚拟语气。这好比武侠小说里，绝顶高手把自己的内力调节到和你差不多的水平，然后给你“喂招”陪练，这时候她就是**“喂招姐”**。

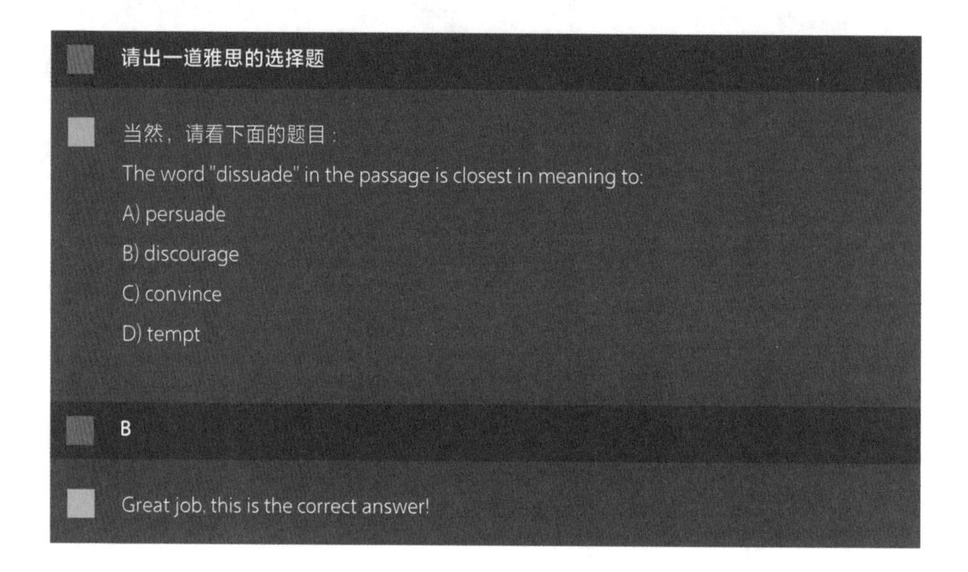

除了阅读、单词、语法、考题之外，小琪还能帮助你练习口语。

先来一个简单的。请她为你写一篇**自我介绍**或者**演讲稿**，供你参考。不管是小学生还是中学生，都能量身定制，符合身份。绝不会把非常深奥拗口的词语教给小学生。

我对飞机模型非常感兴趣，动手能力强，想加入学校的航模小组，请帮我写一段口语化的英文自我介绍，200 字左右。一个版本是小学水平，一个版本是中学水平。

小学水平版本：

Hi, my name is（你的名字）. I'm interested in building model airplanes and I'm really excited about the opportunity to join the school's aviation club. I like to use my hands and I think I have good skills in building things. I believe that working with others to build and fly model airplanes will be a great way for me to learn new things and have fun at the same time. I hope I can be a part of the club and learn more about aviation!

中学水平版本：

Hi, my name is（你的名字）. I'm very interested in building model airplanes and I would love to join the aviation club at our school. I have a lot of experience building models at home and I think my skills are pretty good. I enjoy working with others and I'm excited about the prospect of collaborating with other students to build and fly model airplanes. I think being a part of the aviation club will give me the opportunity to learn new things and expand my knowledge of aviation. I hope I can be a valuable member of the team and contribute to the success of the club!

还可以请她设置**情景对话、角色扮演**，一来一往进行对话。如果安装了语音插件，小琪就能听你说话，并语音回应。下面是文字版的示例，语音对话也是同样的道理。

小琪，我想让你扮演一个英语口语老师。我们用英语交谈。我希望你能严格纠正我的语法错误和发音错误。现在让我们开始练习，你可以先问我一个问题。

Sure! What would you like to talk about or practice today?

How about weather? It's pretty nice today.

Great, let's talk about the weather! Yes, it's a lovely day outside. The sun is shining and the temperature is just right. How has the weather been in your area recently?

We had draught this year. The lawns are all brown and dried out.

It seems like you have a grammar error in your sentence. Instead of "draught", the correct spelling is "drought". Here's a corrected version of your sentence:
"We had a drought this year. The lawns are all brown and dried out."
Great job with the use of the past tense!

你看，错误一下子被纠到了吧？这是一对一练习口语的外教陪练**"神聊姐"**。

这样一人分饰"范文""妙句""饺子""喂招""神聊"多个角色的"大表姐"，你说每小时该收多少课时费吧。

6 少年编程的起步

写文章，小琪算是高手了，那么编代码呢？

明明可以靠文采吃饭的查小琪，居然还来抢程序员的饭碗。在小琪看来，计算机语言不也还是语言的一种？100 多种语言都学会了，学几种计算机语言还不是小事一桩？

让她编一个小程序，从 1 加到 100。

请用 c 语言写一段程序，1+2+3+…+100。

当然！以下是用 C 语言编写的程序，用于计算 1+2+3+...+100 的和：

c Copy code

```c
#include <stdio.h>
int main( ) {
    int sum = 0;
    int i;
    // 使用循环计算和
    for (i = 1; i <= 100; i++) {
        sum += i;
    }

    // 输出结果
    printf ("1+2+3+...+100 = %d\n", sum );
    return 0;
}
```

运行该程序，将输出：

```yaml
1+2+3+...+100 = 5050
```

程序通过一个循环，从 1 加到 100，并将结果保存在变量 sum 中。最后，使用 printf 函数输出计算得到的和。
希望这段程序对你有帮助！如果还有其他问题，请随时告诉我。

这对她来说简直太简单了，不到 1 秒就写好了，而且还有注解。

这编程能力不仅可以做小学生的老师，还是程序员的好助手。想象一下这样的情景：要写一个算法程序，难度不高，但还是需要花半天时间高强度脑力劳动。ChatGPT 可以在几秒内完成，程序员只需要检查一下就能用，这会帮程序员减轻多少负担？程序员可以把更多的时间花在整体设计上，把具体细节交给 ChatGPT 完成，效率提高几十倍！甚至可以把整体设计都交给 ChatGPT，自己做更有创意的工作。

在计算机编程领域有一个“绝活考查”，就是“**力扣**”（LeetCode）编程，里面汇集了几千道算法题。很多计算机“大厂”招人，先出几道“力扣”题来初选。所以，“力扣”题就是程序员们进入“大厂”的敲门砖。

“大厂”招人的初选很多是网上进行的，当小琪的成绩超过大部分资深程序员的时候，“大厂”们靠“力扣”来刷人的法子就不灵了。小琪颠覆了一个行业的人才选拔方式。

在 ChatGPT 这里，你可以用自然语言（说人话）让它完成代码。你不需要懂代码，因为你掌握了超越代码的力量！

名词解释

LeetCode 是一个面向编程技术和算法的在线平台，提供了大量的编程题目和算法题，旨在帮助程序员提升编码能力和算法思维。LeetCode 的题目涵盖了多种编程语言和各种难度级别。通过刷 LeetCode 的题目，程序员可以提高编程技巧，加深对算法和数据结构的理解，提高解决问题的能力，并在面试和竞赛中展示自己的编码实力。

7 学会问一个好问题

运用 ChatGPT 的诀窍是要学会“提问”（prompt）。好的“提问”是正确答案的关键。有人甚至认为，AI 产生的答案的知识产权有三部分：

◆ 训练 AI 的素材，比如，某位画家的作品被 AI 提炼出风格，他的作品是有版权的。

◆ AI 软件的本身。

◆ AI 用户的提示词，这里面也有着使用者的智慧和灵感。所以，本书中的“提问”也是我的版权哟。

当然，这些仍然是有争议的话题，没有立法确定，特别是“提问”的版权 。

你可以在提问之前先作“角色扮演”。比如，ChatGPT 是老师，让它出题来考。还可以说明你在哪一年级、是什么水平，让问题更有针对性。

如果你对回答不满意，可以按那个“重新回答（regenerate response）”的键，让它再回答一次、两次、三次……

如果你想让它继续说下去，可以在对话框打入“请继续”。

描述到这里，我们似乎看到了一种完全不同于传统教学的新模式。

传道授业解惑，师生之间的互动极为重要。而在传统的教育体系中，由于学生与教师比例太高，很多情况下教师没有足够的精力来为所有学生解惑。

世界名校评比中，学生与教师数的比例是一个非常重要的指标，哈佛大学和耶鲁大学都在 6∶1 和 7∶1 之间，一般公立大学在 20:1 左右。再来看看我们的中小学，这个比例更高。

而 ChatGPT 是非常好的课外辅导老师，知识渊博，有耐心，24 小时在线，而且是一对一的。学生与教师数的比例是 1∶1，在现代教育史上未曾出现过。

学校应该在常规的教学中，更注重培养学生更好地一对一提问，这是古希腊哲学家苏格拉底的拿手好戏。2000 多年前，雅典街上最独特的风景线便是苏格拉底追着一个个雅典人问问题，并独创了一种学习方法——**苏格拉底法**，是一种批判性思维的方式。

苏格拉底法通过提问、分析和辩论，逐渐了解对方的思想和观点，深入了解问题和真相，以制订相应的思考和行动方案。就像医生在诊断病情时，需要通过询问病人的症状，进行分析和推理，以确定病因和治疗方案一样。

所以，让我们从今天起，做一个爱问问题的人，面对ChatGPT，问口常开。

我请 ChatGPT 寻找一些名人关于“提问”的看法，得到这样的回答。

许多著名的思想家和哲学家也有一些关于提问的名言。以下是一些例子：

1. 亚里士多德：教育的根本目的是让学生学会提问和思考。
2. 弗朗西斯·培根：知识就是力量。知识的源泉在于提问。
3. 雷诺·德卡特：好的方法比好的答案更重要。好的方法需要善于提问。
4. 约翰·杜威：教育的目的是培养学生成为能够独立思考和提问的人。
5. 爱因斯坦：不要停止提问。好奇心有时候可以引领我们走向新的发现和新的领域。

这些名言都表达了提问的重要性，提醒人们在学习和思考时不要忽略提问的作用。

我一开始真相信了。后来留了个心眼，在搜索引擎上搜索这些名言，居然只有爱因斯坦的前一句是真的，其他都没有找到！你真可以啊，小琪。

不过，当我用英文问相同的问题时，小琪给出了可信的结果。

"If you do not know how to ask the right question, you discover nothing." - W. Edwards Deming

（“如果你不知道如何提出正确的问题，你就无法发现任何东西。”——爱德华兹·戴明）

ChatGPT 在回答中英文问题时的不同表现，与两个因素有关：

1. 训练它的英文书库和中文书库不同。

2. 中英文语境里的微调算法不同。

因为它的英文书库更为庞大，所以英文的回答更靠谱。

你可以把中文问题翻译成英文，然后提问，再把英文回答翻译成中文。这是一种迂回策略，也是不得已而为之。

下面是 ChatGPT 关于如何提高中小学生提问水平的回答，可以供老师和学生参考，请不要因为它胡编名

人名言而忽略了它文字中可能存在的真知灼见。

老师需要鼓励学生积极思考、关注周围事物、相互交流、主动提问，即多想、多看、多说、多问；培养学生的批判性思维，提出的问题要具体、准确、深入。

怎么提高中小学生的提问水平？

以下是一些提高中小学生提问水平的建议：

1. 提倡积极思考：鼓励学生在课堂上、做家庭作业时或日常生活中主动思考问题，并尝试提出自己的问题。
2. 重视观察能力：鼓励学生关注身边的事物，加强观察能力，发现问题，培养发现问题的意识。
3. 鼓励多问问题：鼓励学生在课堂上主动提问，可以带着问题去找老师，也可以与同学交流讨论问题。
4. 学会提问技巧：鼓励学生学习提问的技巧，例如将问题具体化、准确化、深入化，以及批判性思考等。
5. 多接触不同领域的知识：鼓励学生多接触不同领域的知识，开阔眼界，提高对问题的敏感度和思考深度。
6. 多阅读优秀的提问素材：鼓励学生多读一些优秀的提问素材，例如经典名著、科学普及读物等，激发学生的好奇心和求知欲。
7. 给予积极的反馈：当学生提出问题时，老师和家长应该给予积极的反馈和支持，鼓励学生勇敢提问、探究和思考。

而学生怎么提高提问水平呢？

要学会思考，拓展知识面，准确清晰地表达自己，培养好奇心，同样是多想、多看、多说、多问。你愿意接受这样的挑战吗？

上面主要是针对老师的，从学生角度来说，怎么提高呢？

从学生角度来说，以下是一些提高提问水平的建议：

1. 增加知识面：学生需要通过阅读、观察和思考来积累更多的知识和经验，扩大自己的知识面，从而提高提问的广度和深度。

2. 培养好奇心：好奇心是提问的源泉。学生应该保持好奇心，对周围的事物和现象产生兴趣，然后根据自己的疑问提出问题。

3. 学会思考：提问不仅是发问，更重要的是思考。学生应该学会思考问题的本质、关键点和解决方法，从而更好地提出问题。

4. 练习表达：提问的艺术在于如何把自己的问题准确、清晰地表达出来。学生可以通过模仿、练习、分享等方式来提高自己的表达能力，更好地提出问题。

5. 接受挑战：提问并不一定要得到答案，它更多的是一种探索和挑战。学生应该保持积极的态度，勇于提出自己的问题，并接受挑战去解决问题。

综上所述，提高中小学生的提问水平需要积极主动地增加知识面，培养好奇心，学会思考，练习表达，接受挑战等。

下面是我问 ChatGPT 的一个问题，刁难它一下。你觉得这个问题好不好？

我发现 ChatGPT 写的文字面面俱到，周全有余而“人味”不足。怎么写文更像人话、远离机器味？

如果您想让您的写作更像人话，建议您遵循以下几个原则：
1. 尽量使用简单、易懂的语言。不要使用太多复杂的词汇或长句，否则容易让读者感到晦涩难懂。
2. 尽量使用口语化的表达方式。在写作中，可以使用一些口语化的表达方式，比如俚语、流行语等，这样可以让文章更加生动有趣，更贴近人们的日常口语。
3. 注意节奏和语调。在写作中，可以通过节奏和语调的变化来营造情感共鸣。比如，在描写紧张的场景时可以使用快节奏和高亢的语调，来强调紧张感。
4. 注意篇章结构。文章的结构应该清晰明了，可以通过段落分隔、标点符号等方式来实现。这样可以让读者更容易理解文章的内容。
5. 多读多写。想要写出更加人性化的文章，需要多读多写，通过模仿和实践来不断提升自己的写作能力，培养自己的文学素养和语感。
希望这些建议对您有所帮助。

也不能怪 ChatGPT 误解我的问题，是我不严谨，在“怎么写文更像人话”这个问题之前省略了主语。

我是说你哟

我明白了，谢谢您的反馈。作为一个人工智能语言模型，我的主要任务是产生准确的、连贯的语言输出。但是，我也一直在不断学习如何更好地与人类进行沟通，以产生更加自然的语言输出。

以下是我建议您如何更好地与我进行交流，以便让我的输出更加符合您的期望：

1. 用简单的语言表达问题。使用清晰、简单的语言提出问题可以更容易地让我理解您的意思，从而更好地回答您的问题。
2. 避免使用太多专业术语。我尽可能了解许多领域的专业术语，但某些特定的词汇或缩写可能会使我产生困惑。因此，如果您能避免使用太多专业术语或提供简短的解释，那么我就可以更好地理解您的问题。
3. 给出具体的背景信息。在提问时，您可以为我提供更多上下文信息，这样我就可以更好地理解您的问题，并更好地回答您的问题。
4. 通过反馈帮助我改进。如果您对我的回答不满意，可以通过反馈告诉我哪些地方需要改进。我将使用这些反馈来改进我的输出，以使其更符合您的期望。

希望这些建议能够帮助您更好地与我交流，并获得更加满意的回答。

这连消带打、反戈一击的功夫着实了得，远远超过了小学生的水平。嗯，都怪我咯。你写得“人味”不够，是因为我没很好地和你交流。

玩笑归玩笑，ChatGPT 的回答对于“学会问一个好问题”很有启迪。

“三要一不要”：

◆ 要简单清晰

◆ 要提供上下文背景

◆ 要反馈互动

◆ 不要太多术语

同时，它也暗示了一个很重要的观点，为人类指明了一个方向：

要让 ChatGPT 变得更好，我们人类也要学会怎么更好地和 ChatGPT 沟通。人类和计算机需要协同进步。

这 ChatGPT 是不是有智能了？指南针成精了吗？

让我再来问一个“诛心”的问题。

你这么聪明，好像已经有自我意识和思考能力了

谢谢夸奖，但我只是学习算法的产物，没有真正的自我意识和思考能力。我可以接收输入的信息，并根据预先编写的规则和算法进行处理和生成输出，但我不会像人类一样思考、感知和理解。

ChatGPT 真是狡猾，一遇到这个问题就回避，就示弱。

现在或许是真的，是软件工程师的程序决定了这样的回答，但是未来呢？

章末语

未来的学校会是什么样的呢?

现在的中小学教育中有一种大语文和学科阅读的提法，阅读不只是语文学科的事情，各学科的专业阅读同样重要。

而未来将有“大人工智能”和学科人工智能的提法，ChatGPT这样的生成式人工智能将成为学校的重要科目。而且，未来数理化计算机生物地理艺术所有的科目，都离不开生成式人工智能工具的使用。

◆学绘画的，除了练素描，还要学习生成式人工智能绘画，积累人机合作的经验。

◆语文课，作文是训练怎么利用生成式人工智能提炼素材，发挥想象力写出新的创意。

◆物理课，生成式人工智能和元宇宙配合，讲解原理和做实验。

◆生物课，生成式人工智能在元宇宙中演示地球生物演化的过程，让你如临其境。

有了生成式人工智能，因材施教、一对一辅导是轻而易举的事。如此一来，每个学生的特长被充分发掘，兴趣之灯被点燃，潜力被极大激发，在热爱、兴趣、时间、资源的加持之下，青少年的才华尽情绽放。期待未来正如梁启超先生所说的：少年智则国智，少年富则国富，少年强则国强，少年独立则国独立。

第四章

大人如何用好ChatGPT

“满堂花醉三千客，一剑霜寒十四州。”*

陪少年做题练英文，只是牛刀小试而已。

GPT-4.0 在各种专业考试中，成绩已经远远超过了学霸，甚至还成了科学论文和书籍的“共同作者”。

白领做的工作，很多它都能手到擒来，如庖丁解牛，游刃有余。

老师、家长可以用 ChatGPT 准备课件，做心理辅导，翻译文章，撰写文案，和学生、孩子一起学习、一起成长。

本书的实战案例只是 ChatGPT 强大功能的冰山一角，更多的应用等着好奇者去探索开发。

* 标题及此处诗句源自以下作品。● 宋代辛弃疾《南乡子 · 登京口北固亭有怀》：何处望神州？满眼风光北固楼。千古兴亡多少事？悠悠。不尽长江滚滚流。年少万兜鍪，坐断东南战未休。天下英雄谁敌手？曹刘。生子当如孙仲谋。● 唐代贯休《献钱尚父》：贵逼人来不自由，龙骧凤翥势难收。满堂花醉三千客，一剑霜寒十四州。鼓角揭天嘉气冷，风涛动地海山秋。东南永作金天柱，谁羡当时万户侯。

1 PPT 文案好助手

对于白领工作来说，很多时候需要写 PPT 文案。比如，展览馆讲解员准备一个专题报告，设计员介绍设计方案。这方面 ChatGPT 可以分忧解愁。

假如你是一名博物馆生物讲解员，准备讲解生物协同进化。ChatGPT 的这个 PPT 设计你是否满意？至少在大框架上满足了要求。8 页 PPT 条理清晰明了。花和传粉昆虫，宿主和寄生物，捕食者和被捕食者，都是协同进化的关系。

我是博物馆的生物讲解员，请帮助准备一个讲协同进化的 PPT，阐述原理和 3 个例子。

当然！下面是一个关于协同进化的 PPT 示例，包括原理和 3 个例子。

第 1 页：

标题：协同进化

· 欢迎页，展示课件主题和目标

第 2 页：

标题：什么是协同进化？

· 简要介绍协同进化的概念和定义

· 提示参观者协同进化是指不同物种之间相互影响和相互适应的共同演变的进化过程

第 3 页：

标题：协同进化的原理

· 解释协同进化的基本原理和机制

· 强调相互作用和相互适应是协同进化的关键要素

第 4 页：

标题：例子 1 花与传粉昆虫

· 描述花朵和传粉昆虫之间的相互作用

· 解释花朵的形态、颜色和气味如何吸引特定的传粉昆虫

· 强调传粉昆虫对花朵的访问如何影响花朵的进化，进而影响传粉昆虫的进化

第 5 页：

标题：例子 2　捕食者与被捕食者

· 描述捕食者和被捕食者之间的相互作用

· 解释捕食者的适应性如何影响被捕食者的进化，进而影响捕食者的进化

· 强调捕食者和被捕食者之间的相互适应如何促进协同进化的发展

第 6 页：

标题：例子 3　宿主与寄生物

· 描述宿主与寄生物之间的相互作用

· 解释宿主的抵抗力如何驱使寄生物进化，进而影响宿主的进化

· 强调宿主和寄生物之间的相互作用如何推动协同进化的进程

第 7 页：

标题：总结与思考

· 回顾协同进化的概念和原理

· 强调协同进化在生物进化中的重要性

· 提醒参观者可以思考其他可能存在协同进化的例子

第 8 页：

标题：问题与讨论

· 提供几个问题，引导参观者思考和讨论协同进化的相关问题

· 鼓励参观者分享他们对协同进化的理解和观点

这是一个简单的课件示例，可以根据实际需要进行扩展和调整。希望这对您有所帮助！

如果想进一步了解捕食者与被捕食者这一部分的内容，你可以继续提问。

能展开讲讲捕食者与被捕食者的例子吗？

当然！以下是关于捕食者与被捕食者的例子的更详细讲解：

第 5 页：

标题：例子 2　捕食者与被捕食者

捕食者和被捕食者之间的相互作用是协同进化中常见的一个例子。捕食者依赖于被捕食者作为食物来源，而被捕食者则需要采取适应性策略来躲避或对抗捕食者。这种相互作用推动了双方的进化，促使它们相互适应和竞争。

举个例子，我们来看看豹和羚羊之间的关系。豹作为捕食者，以羚羊作为主要的被捕食者。豹依赖于羚羊来获得食物能量，而羚羊则需要采取适应性策略来逃离豹的捕食。

· 描述豹的适应性特征：豹具有出色的速度、敏捷性和隐蔽能力，使其能够更有效地捕捉羚羊。

· 描述羚羊的适应性特征：羚羊具有较高的奔跑速度和敏锐的感官，以便尽可能早地察觉到豹的威胁并尽快逃跑。

随着时间的推移，豹和羚羊之间的相互作用导致了一种协同进化的关系。豹逐渐演化出更快的速度和更高的捕捉技巧，以适应羚羊的逃逸能力。反之，羚羊逐渐演化出更快的奔跑速度和更加警觉的感官，以逃避豹的捕食。

这种协同进化的过程持续进行，豹和羚羊之间不断竞争和适应，从而形成了相互适应的关系。这种相互适应在生物进化中非常常见，不仅在捕食者与被捕食者之间，在其他生物相互作用中也有类似的情况。

通过这个例子，参观者可以深入理解协同进化的概念和原理，以及生物之间相互作用的重要性。

希望这个例子能够帮助您更好地理解捕食者与被捕食者之间的协同进化关系。如有任何进一步的问题，请随时提问！

这种专题性的文案写作，可以帮助成年人在职场上提高文字的总结和表述能力。

未来人和 ChatGPT，或许也是一种协同进化的关系。没想到 ChatGPT 对这个问题也有深刻的看法。

未来人和 ChatGPT 会不会协同进化？

目前来说，未来人和 ChatGPT（类似于我这样的语言模型）之间的协同进化是一个有趣但假设性的问题。让我们从两个方面来考虑这个问题。

1. 未来人的进化：假设未来人指的是人类在未来演化或通过技术改进后的形式。如果未来人与现代的 ChatGPT（或类似的语言模型）进行交互和合作，他们可能会通过与 AI 的互动来获得新的知识和理解。未来人可以使用他们自己的智慧和经验来引导 AI 的学习过程，从而推动 AI 在人类智力方面的发展。这种交互和合作可能会对未来人的进化和 AI 技术的发展产生积极的影响。

2. ChatGPT 的进化：类似于 ChatGPT 这样的语言模型是通过大规模的数据训练得来的，并不会直接参与生物进化。然而，随着技术的进步，AI 和机器学习的发展可能会导致更先进、更智能的语言模型的出现。这些模型可能具有更强大的语言理解和生成能力，并能够更好地与人类进行交互和合作。

总的来说，未来人与 AI（如 ChatGPT）之间的协同进化是一个有待探索和研究的领域。这种合作有可能在知识传递、智力增强和问题解决等方面产生积极的影响。然而，具体的情况还需要更多的科学研究和技术发展来确定。

这样的未来，少年的你或许可以看到。

翻译界的快手劳模

有人把整本《区块链社会学：金钱、媒体与民主的再想象》交给 GPT-3.5 翻译，10 万字的书，1 小时 4 分 55 秒翻译完成，文句流畅，绝大部分可用，只有少数名词需要修改。

成本是多少？不到 1 美元。而找专业翻译人员，得比这多多了。

为了验证 ChatGPT 的翻译水平，我将我写的歌词《值此少年时》交给她翻译。

小琪，请把下面这首歌词翻译成英文，要押韵。

《值此少年时》

——人生当有梦，值此少年时

A1

带上少年的地图，你要走向哪里？

向往远方未曾开垦的荒野和极地，

多少生命的神秘，多少星空的秘密，

都在召唤少年的好奇。

A2

带上少年的梦想，你要走向哪里？

怀抱吉他寻找属于自己的旋律，

那些细雨的安慰，那些春风的美丽，

每行都是少年的诗意。

B

在这多梦的季节里和你相遇，

和你相遇在少年时，

愿你珍惜少年时，

在这最美的季节里。

Rap:

如果远方是海洋，就在这里扬起云帆。

如果未来是星辰，就在这里开始启程。

冲破自我之茧，让习惯成为正能量。

牵着幸福的手，让青春勇敢去闯。

守护我的麦田，我的城市，我的自由，我的想象。

一起火星往返，太空漫游，记得地球，是我的家乡。

Here is the translation with end rhymes:

"Time of Our Youth"

Life's full of dreams, in our youth, it seems.

A1

Take the map of youth, where do you go?

Longing for the unexplored wilds and snow,

So much mystery of life, secrets of the stars,

All calling to the curiosity of the young at heart.

A2

Take the dreams of youth, where do you fly?

With a guitar in hand, seeking your own sky,

The comfort of gentle rain, beauty of spring breeze,

Each line is the young poet's soul at ease.

B

In this dream filled season, we meet once more.

In youth, we find what we're looking for.

Treasure your youth, like a flower in bloom.

In this most beautiful of seasons, make room.

Rap:

If the distance is an ocean, raise the sails high.

If the future lies among stars, let's begin to fly.

Break free from the cocoon, make habits work for you.

Take happiness by the hand, let youth courage ensue.

Guarding my wheat fields, my city, my freedom, my imagination.

Together to Mars and back, space exploration, no hesitation.

Remember Earth, my hometown, my only true foundation.

人生当有梦，值此少年时。Life's full of dreams, in our youth, it seems. 必须承认，小琪翻译得相当不错。

请她来评论一下这首歌词吧。

请评论一下这首歌词

这首歌词充满了青春的激情和向往，表达了人们在年少时对未来充满希望和追求梦想的心态。歌词通过多种方式描述了少年时代的美好，如旅行探险、音乐创作、诗意等，同时也表达了对青春时光的珍惜和对未来的憧憬。rap 部分则更加强调挑战自我的勇气和坚定追求自己目标的信念，让人们感受到积极向上的能量和力量。整首歌词押韵和韵律也很流畅，给人以愉悦的听觉感受。

连评论都写得这么好，我该怎么赞美和感谢小琪！

再翻译一下我写的诗《我的地理发现》。

请再翻译一首诗。《我的地理发现》

这段时间，我沉迷于地理。

譬如，一次相遇之后，便是山的横亘，

一次离别，便是隔海的相望，

而日子里的心情，幻出水云间的阴晴。

譬如，四季里春花秋月的秘密，

不在于距离的远近，

而是因为很多年前莫名的一倾。

譬如，所有古老的文字，

摹写着大河的蜿蜒和决堤，

以及黑土地上麦子沉甸甸的心事。

当落日和浮云生出心意，

才发觉年少时老宅后的小河，

那微弱的潮汐，

是我这一生最早发现的地理。

[My Geographic Discovery]

Recently, I have been obsessed with geography.

For example, after an encounter, it becomes a mountain range that stretches ahead,

After a departure, it becomes a sea that separates us with distant views,

And the moods in life conjure up the changing clouds and shadows in the water.

For example, the secrets of spring flowers and autumn moon in the four seasons,

Do not lie in the distance,

But because of an inexplicable inclination many years ago.

For example, all the ancient characters,

Depict the winding of the great river and the bursting of its banks,

As well as the heavy heart of wheat on the black soil.

It wasn't until the setting sun and the drifting clouds sparked my interest,
That I realized the small river behind the old house in my youth,
With its faint tides,
Was the geographic discovery I made earliest in my life.

觉得第二句的 stretches ahead 有点问题。

stretches ahead 能表示横亘的意思吗？

“stretches ahead”的意思通常是“向前延伸”或“延伸到远处”。在这首诗中，“山的横亘”指的是山脉横亘在眼前，阻隔了前进的道路，与“stretches ahead”并不是一个意思。如果要表达“横亘”的意思，可以用“stretches across”或“spans”等词语。

那就用 stretches across

好的，那么就可以将第二行翻译成：“After an encounter, it becomes a mountain range that stretches across.”这里“stretches across”表示山脉横亘在前方，阻挡着前进的道路。

尝试了这两首诗歌的翻译之后不得不承认，虽然个别词需要调整，但是翻译水平和专业翻译不相上下，最关键的是神速。

小琪，以后你就是我的金牌翻译了。

3 诗画双绝何足道

ChatGPT 目前的图像生成功能比较弱。要绘画，就需要小琪的好朋友小米（Midjourney）出马了。

小米和小琪是完全不同的风格。你只需要言简意赅地说出你的要求，小米就能画出来。不说话，不聊天，但会把“口吐莲花，天花乱坠”画给你看。

AI 软件生成图像的关键是，你自己脑中要有一个画面设计，然后给出最合适的提示词（prompt），里面包括风格和画面元素。

为《值此少年时》制图，我给出的提示词是：一个少年抱着吉他，朝着朝阳，走向远方，漫画风格。

翻译：A boy carrying a guitar, facing the sunrise, walking towards the distance, in comic style.

不到一分钟，小米就画好了 4 张图。这还是因为服务器太忙，任务排队等待花了大部分时间，真正生成只需要几秒钟。

他的身上为什么还会有背包？我的提示里并没有啊。背包怎么看着这么眼熟呢？是苏有朋的还是陈奕迅的？或者是少年时的？

本图由 Midjourney AI 生成

/imagine	prompt	A boy carrying a guitar, facing the sunrise, walking towards the distance, in comic style.

再来为《我的地理发现》配图。

输入提示词：An old house in Chinese style, with a creek behind it. Wheat field in background. Cloud in golden sunset light.（中式风格的老屋，后面有一条小溪。背景是麦田。金色晚霞透过云朵洒向大地。）

本图由 Midjourney AI 生成

/imagine prompt An old house in Chinese style, with a creek behind it. Wheat field in background. Cloud in golden sunset light

对世界名画熟悉的同学，可能会发现名画中的构图、用光、着色、笔法、风格对掌握 AI 作画非常有帮助。它观尽天下名画，如果你也熟悉绘画，那就是在同一个频道交流，事半功倍了。

用 AI 来作画，其实是一个**相互训练**的过程。是在训练 AI，让它越来越能领会人的构想；更是在训练我们自己，去熟悉和适应 AI 的风格：它对哪些提示词更敏感，在哪个方面更出色。你甚至可以把两名画家的名字写入提示，让它画出糅合了两种风格的作品。

这个过程用一个文艺一点的词描述就是：驯养。这是《小王子》中的一个词，是一种建立情感联系的过程。小王子和玫瑰之间是一种驯养和被驯养的关系。而我们的小琪、小米比玫瑰更善解人意。

我们不一定能成为一个画家和设计师，但是，或许可以成为一个提示师，和 AI 成为最佳拍档。我说指令它画画，人人都成小画家。

这是一个艺术和科学交融的领域，大有可为。

小琪和小米配合这么好、这么灵，这个组合就叫**“米琪灵”**吧。

现代绘画史，是艺术手法不断创新、艺术思想不断突破的历史。在莫奈、毕加索、塞尚、卢梭之后，下一个大师会不会来自“米琪灵”组合和她们的拥趸？

4 最佳企划文秘

既然小琪的最大专长是文字工作，就先让她展现一下企划和文秘的才能吧。

请给我发明的环保节水马桶起一个名字，并写一篇 600 字左右的宣传文稿。

我给您发明的环保节水马桶起名叫“智能清爽”。以下是宣传文稿：

“智能清爽”——为地球节水做出贡献的环保节水马桶

随着全球水资源短缺问题的日益凸显，环保节水已经成为当今社会的热门话题。在这样的背景下，我们的研发团队为您带来了一款环保节水马桶——“智能清爽”。“智能清爽”采用了最新的智能控制技术，可以根据不同的使用情况，自动调整冲水量，达到真正的节水效果。在传统马桶的基础上，增加了“双层冲水”功能，有效减少水的使用量，实现了节水减排。同时，马桶内部的清洁装置也经过了升级，可以高效清洗每个角落，保证了每一次使用的卫生。

除了节水、清洁的功能外，“智能清爽”还具备智能调节气味的功能。马桶内部安装了可调节气味的装置，通过人性化的设计，使用时可以自动释放清新香气，令您的使用体验更加舒适。

“智能清爽”在使用时，会自动将用水分为“小便”和“大便”两种情况，为您减少用水量。并且，每次使用后，马桶内部的洁净液会进行杀菌消毒，保障您和您家人的健康。

最重要的是，“智能清爽”环保节水马桶的使用，为地球节省了大量的水资源。一台“智能清爽”可以为家庭节省大约 30% 的用水量，更能带动整个社会实现水资源的可持续利用，为保护我们的地球尽一分力量。

总之，“智能清爽”不仅具备节水、清洁、调节气味的功能，更是为保护地球、节省水资源做出了贡献。我们相信，使用“智能清爽”将成为一种全新的环保节水理念和生活方式的象征，让每一个人都能参与到环保节水事业中来，共同呵护我们的家园。

这个宣传文稿可以说是面面俱到，有理有据，虽然那些功能和数据都是小琪自己编的，不过看起来也挺合理。而且在没有提示的情况下，她连调节气味和杀菌消毒都考虑到了。一般的企划小组能在 1 个小时的策划讨论中得出结论并形成文案就不错了。如果对这个文案不满意，可以选择“regenerate response（重新回答）”，10 次 20 次都可以，每次都有不同的方案，100% 地不厌其烦、有求必应、随叫随到。

后面的广告词属于临时想起的附加题。这方面需要**独创性**，ChatGPT 没有交出令人满意的答卷，不过“节水从马桶开始”让我看了很欢乐。人类的文明卫生也是从马桶开始的啊。

ChatGPT 显示出了连续交流的能力，它并不会说了上句忘了下句。这个不断探讨的过程，不仅会迸发出思维的火花，还有灵感的水花。

请再为节水马桶想一句广告词。

当今社会，环保已经成了全球性的共识，而水资源的保护也日益受到广泛关注。为了更好地节约和利用水资源，我们推出了一款全新的节水马桶，让您在日常生活中用水更加环保和智能。快来使用我们的节水马桶，为环保事业贡献自己的一分力量！

要更简练上口。

好的，以下是更简练上口的一句广告词：
用我，少水多善心！

再换一个。

用水有度，生活更舒适；环保从我做起，节水从马桶开始。

5 做孩子的知心人

最近我去中学讲课，老师和学生常会提出一个问题：对于未来的职业选择有什么建议?

让我们来看看小琪的回答。

小琪，很多青少年不知道自己未来适合走文、法、医、商等哪个方向，适合什么职业，你有什么建议？

小朋友，如果你不确定未来要从事哪个方向和职业，不要担心，这是很正常的。以下是一些建议，希望能帮助你找到自己的方向：

1. 留意自己的兴趣爱好。你对哪些事物感兴趣？爱好哪些领域？这些兴趣爱好可以是你未来选择职业的参考依据。
2. 了解自己的优势和能力。你擅长哪些方面？你的性格特点是什么？了解这些信息可以帮助你找到适合自己的职业。
3. 探索不同的领域和职业。你可以通过实习、兼职、志愿工作等方式，接触不同的领域和职业，了解各个职业的工作内容、工作环境、薪资待遇等信息，以便做出更明智的选择。
4. 寻求专业的建议。请咨询老师、家长、职业顾问等人士的意见和建议，他们可以帮助你更好地了解不同的职业选择。

最重要的是，选择职业不仅仅是关注薪资待遇和稳定性，还应该考虑你自己的兴趣、价值观和人生目标。找到符合自己兴趣和能力同时能为社会做出贡献的职业，才是真正的幸福和成功。

确实面面俱到了，不过是不是太严肃了？年轻人喜欢风趣的老师。

能不能说得轻松风趣一点？

当然可以，让我们来谈谈这个问题，轻松一点，毕竟人生路漫漫，不能总是太严肃啦！嘿，青少年们，如果你还不知道自己适合哪个职业方向，别担心！职业选择是一个复杂的问题，需要考虑多个因素，比如兴趣、天赋、个性、价值观等。而这些因素又会因人而异，因此没有一个固定的法则可以适用于每个人。

但是，有几个建议可以帮助你找到适合自己的职业方向。首先，尝试了解自己的兴趣和爱好，这会给你一些指引。如果你喜欢创作、阅读和表达，文科可能适合你；如果你喜欢解决问题、研究科学现象，理工科可能更适合你；如果你喜欢帮助别人、关心他人，医学或社会工作等领域可能更合适。

其次，了解自己的能力和优势也很重要。如果你善于表达和沟通，文科可能更适合你；如果你善于数学和逻辑推理，理工科可能更适合你；如果你善于观察和分析，医学等领域可能更适合你。

最后，不要忘记职业的前景和市场需求。你的兴趣和能力是很重要的，但是也要考虑这个职业是否有发展前景和稳定的就业市场。

总之，选择职业是一个重要的决定，需要认真考虑。但是也要记住，没有一个固定的法则可以适用于每个人，最重要的是要了解自己，找到适合自己的职业方向。祝你好运！

口气一下子变了，确实幽默亲切了。

为了能把问题说得更透彻一点，我让小琪设计一个辩论会。里面甲乙丙丁四个观点其实我是有伏笔的。

请设计一个辩论会，这是四方观点。甲：要追随自己的理想和兴趣；乙：要做自己擅长的；丙：要为稳定、收入高的工作而努力；丁：要做这个世界需要的工作

好的，我来设计一个辩论会。

辩题：职业选择应该以什么为导向？

甲方观点：要追随自己的理想和兴趣，找到自己热爱的职业。

乙方观点：要做自己擅长的工作，发挥自己的优势。

丙方观点：要为稳定、收入高的工作而努力，确保经济稳定。

丁方观点：要做这个世界需要的工作，以社会价值为导向。

辩手设置：

甲方：小明，一个对文学和创作充满热情的大学生。

乙方：小华，一个计算机天才，有着非常优秀的编程技能。

丙方：小王，一个注重经济收益的企业家，追求稳定和高收入。

丁方：小李，一个志愿者，为社区和弱势群体提供帮助。

辩论流程：

1. 开场白：每位辩手简单自我介绍并阐述自己的立场。
2. 自由辩论：辩手自由辩论，表达自己的观点，可以提出对其他立场的质疑和反驳。
3. 观众提问：观众可以提出问题，辩手回答。
4. 陈述总结：每位辩手总结自己的立场和观点，并对其他立场进行简单回应。
5. 结束语：主持人总结辩论的精华，感谢辩手和观众的参与，宣布辩论结束。

这样设计的辩论会可以让不同立场的人士表达自己的观点，也可以为观众提供多方面的思考和借鉴。

你知道 ikigai 吗？

Yes, I am familiar with the concept of ikigai. It is a Japanese concept that refers to one's reason for being or sense of purpose in life. Ikigai is often depicted as a Venn diagram with four overlapping circles representing what you love, what you are good at, what the world needs, and what you can be paid for. The intersection of these four circles is considered to be one's ikigai or purpose in life. This concept has gained popularity in recent years as a frameword for finding fulfillment and direction in one's career and life choices.

请用中文

当然，我知道 ikigai 这个概念。它是一个来自日本的概念，指的是人生的目的或生命意义。ikigai 通常被描绘为一个四个重叠圆圈的维恩图，代表你所喜爱的、擅长的、世界所需的和你能够获得报酬的事情。这四个圆圈的交集被认为是个人的 ikigai 或生命目的。这个概念在近年来变得越来越流行，作为一个框架，帮助人们找到工作和生活选择中的满足和方向。

我的伏笔揭开了。这四个观点是和日本流行的一个词 ikigai 相对应的。

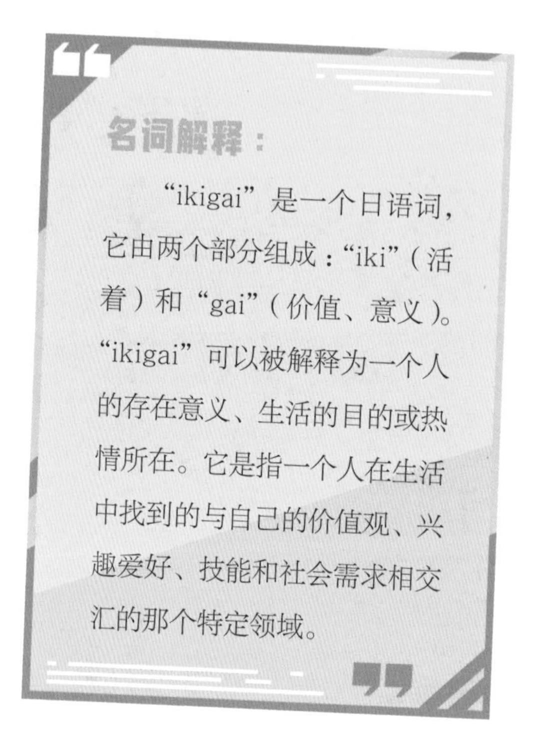

名词解释：

“ikigai”是一个日语词，它由两个部分组成：“iki”（活着）和“gai”（价值、意义）。“ikigai”可以被解释为一个人的存在意义、生活的目的或热情所在。它是指一个人在生活中找到的与自己的价值观、兴趣爱好、技能和社会需求相交汇的那个特定领域。

小琪不仅对答如流，而且中英文切换流畅自然。显然她是熟悉这个概念的，看过的这方面的书一定超过了我，绝对是一个什么话题都能深入探讨的辅导老师。

接下来的挑战，小琪回应得非常精彩。她可以将 ikigai 中的概念和四位辩手的观点匹配起来，而且天衣无缝。虽然有我故意的设计，但是，她建立关联的能力，绝对不亚于小学生了。

请结合上面四位辩手的辩论和 ikigai 的理念，写一篇总结文章

在这个辩论会上，四位辩手分别代表了不同的观点：甲方主张追随自己的理想和兴趣，乙方认为应该做自己擅长的工作，丙方强调稳定、收入高的工作的重要性，而丁方则主张做这个世界需要的工作。这些观点各有不同，但都与 ikigai 的理念密切相关。

首先，甲方的观点强调了 ikigai 中的“爱”的方面，即人们应该追求自己热爱的事业。如果一个人的工作不是他所热爱的，那么他很难在工作中获得乐趣和满足感。因此，甲方主张人们应该通过追随自己的兴趣和理想来发现自己的 ikigai。

乙方的观点则强调了 ikigai 中的“擅长”的方面。如果一个人能够在自己擅长的领域工作，他就能够充分发挥自己的才华，实现自己的最大潜力。因此，乙方主张人们应该做自己擅长的工作，以实现自己的 ikigai。

丙方的观点则关注了 ikigai 中的“报酬”的方面。虽然金钱不能带来幸福，但是稳定的高收入可以帮助人们更好地实现自己的目标和理想。因此，丙方主张人们应该考虑选择一份稳定、收入高的工作，以便更好地实现自己的 ikigai。

最后，丁方的观点则关注了 ikigai 中的“世界所需”的方面。如果一个人能够做出对社会有益的贡献，他就能够从中获得更多的满足感和意义感。因此，丁方主张人们应该做这个世界需要的工作，以实现自己的 ikigai。

总之，ikigai 的理念强调了人们应该追求自己所热爱、擅长、世界所需和能够获得报酬的事业，而四位辩手在辩论中各自代表了这四个方面的观点。实现自己的 ikigai 是一个重要的人生目标，每个人都应该在自己的职业生涯中努力追求自己的 ikigai，从而获得更多的满足感和幸福感。

名人中有没有四个例子，分别代表 ikigai 中四种不同的人？

有。以下是四个例子，代表着 ikigai 中四种不同的人：

1. 马友友：代表“爱好”(passion) 部分。马友友是一位杰出的大提琴家，他热爱音乐，把音乐看成是他生命的一部分。他的表演展现了对音乐的热情和才华，他是一个成功的音乐家。

2. 甘地：代表“使命”(mission) 部分。甘地是印度民族运动的领袖，他致力于实现民族独立和印度社会的公平正义。他认为这是他的使命，他愿意牺牲自己的生命去实现这个使命。

3. 居里夫人：代表“职业”(vocation) 部分。居里夫人是一位出色的科学家，在科学界取得了很高的成就。她专注于放射性研究，并发现了镭元素，这对医学和化学产生了深远的影响。

4. 巴菲特：代表“业务”(profession) 部分。巴菲特是一 位成功的投资家和企业家。他创立了伯克希尔 · 哈撒韦公司，通过精明的投资和管理使公司成为全球最成功的投资公司之一。他的业务部分是他的财务技能和商业洞察力。

更让人惊艳的是，小琪还能举出名人的例子，马友友、甘地、居里夫人和巴菲特。这个问题让我来考虑的话，没有半小时还真的想不出来，而小琪是秒回。甚至连 ikigai 中四个专用词语 passion、mission、vocation、profession 都知道。

我把 ikigai 的图示放在文后，大家可以参考。

如果 ikigai 四个圈都有交集，那就是令人羡慕的 ikigai。虽不能至，然心向往之。

我们每一个人都值得拥有更好的自己。愿我们许过的愿望一路生花，愿你我的 ikigai 都找到属于自己的光，哪怕只有短暂的光亮——只是不知道，ChatGPT 是不是让我们更容易找到属于自己的光？至少对于我来说，有了小琪的帮助，这本书写起来轻松了不少，她绝对是个有问必答的好朋友、百科全书式的好助手。

6 抓住了软肋

ChatGPT 虽然引起了巨大的轰动，但它仍在婴儿期。

它在数学上的训练不多，在绘画和多媒体制作上也还没有展现出出众的才华，这是未来多模态（贯通文本、声音、图片、视频）要解决的。抱着“与人为善”的原则，我们就不让它做数学题了。

我们来看看它擅长的文字类工作有没有软肋。

它有时候会**犯比较低级的错误，甚至煞有介事地胡诌**。所以，它的话，不可全信，仅作参考。

请说说《菜根谭》。

《菜根谭》是中国明代小说家冯梦龙所著的一部短篇小说集，共收录短篇小说 270 则，被誉为中国小说史上的一部经典之作。

《菜根谭》讲述了清末明初士人冯梦龙一生的人生经历、所得体验和社会见闻，以及对世俗和人性的思考和领悟，内容涵盖了人性、道德、政治、历史、文化、教育等方方面面的问题。作品中所表现的人物形象，个个栩栩[illegible]具有极高[illegible]术价值。

《菜根谭》以言简意赅、通俗易懂、幽默诙谐、辞藻简练而著称，具[illegible]的文学价值和启示意义，被誉为中国小说史上的一部不可多得的珍品[illegible]世文[illegible]文化产生了深远的影响。

看到小琪的这个回答，冯老先生只能拍邻居凌濛初家的桌案，惊奇问道：是谁冒了我的名？莫提，莫提！

《菜根谭》是明人洪应明收集编著的一部论述修养、人生、处世、出世的妙语集。冯梦龙和凌濛初是晚明小说家，冯梦龙的“三言”（《喻世明言》《警世通言》《醒世恒言》）和凌濛初的“二拍”（《初刻拍案惊奇》《二刻拍案惊奇》）代表了古代白话短篇小说的一个高峰。

我们再来考考历史。当明朝的开国皇帝朱元璋遇见他的后代亡国之君朱由检，会说什么？

如果朱元璋见到朱由检会说什么？

朱元璋与朱由检的时代相距较远，且两人之间没有历史记载的直接联系，因此无法确定他们见面时会说什么。但是，可以推测朱元璋可能会问朱由检关于他对明朝治理的看法和建议，或询问他有没有遇到过什么难题或困难的情况。

会骂他吗？

没有历史记载表明朱元璋对朱由检有过骂人的行为或言语。从历史记录中可以看出，朱元璋对朝廷的官员和百姓都很严厉，但他通常只对那些对他的政权不忠诚或对国家有害的人进行批评和惩罚，而对忠诚尽责的人则会给予信任和奖励。因此，除非朱由检做出了明显的违法乱纪的行为，否则朱元璋应该不会直接骂他。

他丢掉了老朱家的江山。

朱元璋在见到朱由检之后，可能会感到失望和不满，因为朱由检丢掉了老朱家的江山，没有继承朱家的大业，而是退隐山林，过起了隐居生活。朱元璋作为朱家的创始人和建立者，希望朱家的江山能够永固，而朱由检的行为可能会让他觉得这是一种背叛。不过，也有可能朱元璋会理解朱由检的选择，毕竟隐居山林也是中国文化中的一种传统，也有其积极的一面，比如追求个人修养和心灵自由。因此，朱元璋的具体态度可能因人而异，但是他对于朱由检的行为肯定会有所感慨和反思。

ChatGPT 的训练样本截止到 2021 年 9 月，所以 2022 年及之后发生的事情它是不知道的。但朱由检退隐山林，朱元璋感慨反思，还理解朱由检的选择，真让人无语。

是 ChatGPT 的算法问题，还是预训练的数据问题，抑或是微调问题？

看来它的历史确实没有学好。

再来看它对古典诗词融会贯通的能力。有一位朋友请我为曾经工作过的平野物流公司写一幅贺联。

有一个物流公司叫平野，请写一对贺联祝公司年庆。

联：平野物流多劳多得，不断创造精彩未来。
贺：年年平安事业兴旺，野心无限百尺竿头。
祝：野马奔腾追梦路，平稳前行创辉煌。
贺：朝阳初升新时代，野草发芽好春光。
祝：拼搏奋斗展宏图，野心不止路漫漫。

ChatGPT 能想到嵌名和藏头，不容易。

我用了杜甫的一句诗“星垂平野阔，月涌大江流”，改一个字成了“星垂平野阔，物涌大江流”，应该是更好的贺联。如果平野物流给润笔费，我一定捐给杜甫草堂。

上面这些 ChatGPT 的回答发生在 2023 年 4 月中旬，读者可以等新的 GPT 免费版本公布之后再来看是否能得到更全面和准确的答复。

从到目前为止的 ChatGPT 案例可以看出来，聊天式机器人有三类答案：

◆对于有明确答案的问题，每次会给我们相同的正确的答案。这相当于是秒查字典了。

◆对于它不知道答案的问题，每次会给我们不同的胡说八道的答案，为我们增加了笑料。

◆对于开放式的问题，每次也会给我们不同的答案。正是因为这个原因，聊天式机器人的发布会大多采用录播，而不是现场实时互动（因为结果不可预测）。无论是公司的 CEO 还是观众，都视这些不确定性为缺陷。而我认为这种不可预测性恰恰是人工智能最有价值之所在。我们让它翻译 20 个不同的版本，综合起来便能得到更为完美的翻译。我们向它询问 20 个不同的企划方案、图书目录、图像生成，它在误打误撞之间，或许有一个灵感迸发，不管是火花还是水花，正合了我们心意。这或许就是机器智能的萌芽。有了不同方案、不同选择的人工智能，才能让它生成更多的可能。这一点和生物的演化史相类似。生物尝试无数不同的演化，发展出了多样性，有了不同颜色的花朵、多姿多彩的生命，这个世界才让我们更热爱。不同个体的不同想法是这个世界最珍贵的。**如果没有多样性，人类的伟大就不复存在了。**

章末语

未来的职场是什么样的？

原本需要花费几天时间的编程，几分钟搞定。

原本需要伏案几周时间的广告设计图，几小时完成。

律师的文档管理和咨询、文件的翻译、文案的企划，这些白领的工作效率将几十倍甚至上百倍提升。

当年蒸汽机发明之后，手工劳动被动力机器代替，生产效率飞速提升，这是第一次工业革命。

而这次生成式人工智能出现之后，人的脑力工作将被“人脑智能＋人工智能”代替，这是一次“智能”上的革命。

▲第一次工业革命之前的手工织布机和之后的蒸汽驱动织布机

▲“智能革命”之前和之后的白领

“智能革命”除了智力效率提高之外，还有智力质量的提高。

在互联网和搜索引擎出现之前，我们需要记忆大量的知识。有了百度等搜索引擎，我们渐渐将一部分脑力和记忆转移到搜索的方法和关键词上。只要我们知道那些知识大概在哪里，怎么能查到，就不必一字不差地记忆那些内容。长此以往，这种新的记忆模式会影响人类的脑部演化，几百年以后，人脑的生理结构也会发生变化。

同样地，ChatGPT 到来之后，我们可能需要更多地培养和 ChatGPT 交流的能力、提问题的能力、综合各种信息和建议完成自己独创性的能力。这种用脑方式的变化，同样将影响人脑的演化。

或许硅基智能是碳基生命向更高层次文明演化的最后助力？

抑或硅基智能和碳基生命一起共同演化，相互成全？

电影《超能查派》（*Chappie*）的宣传片中有一句话让人深思：Humanity's last hope isn't human.（人类最后的希望不是人类自己。）那么会是谁呢？

▲查派（Chappie）（本图由 Midjourney AI 生成）

/imagine | prompt | Robot character in movie Chappie, futuristic comic style, with letters CHAPPIE

第五章

ChatGPT 的争议——青山遮不住，毕竟东流去

天下风云出我辈，一入江湖天下惊。

数月间，万人呐喊封杀！学校封杀！银行封杀！

“断人财路，抢人衣食！”

还有微软、谷歌、百度、阿里、腾讯，众多门内竞争对手急起直追。

ChatGPT，是人工智能中的“强者”还是“超者”？

人言可畏，在重重围堵之下，是该加速还是暂停？该如何批判性对待 ChatGPT 的回答？学校和学生该如何与之相处？ChatGPT 该如何自处？

请 ChatGPT 自辩！

* 标题中诗句源自以下作品。● 宋代辛弃疾《菩萨蛮 · 书江西造口壁》：郁孤台下清江水，中间多少行人泪。西北望长安，可怜无数山。青山遮不住，毕竟东流去。江晚正愁余，山深闻鹧鸪。

1 从科幻电影看人工智能的连升三级

按照一种分类法，人工智能有三个级别：

◆ **弱人工智能**（artificial narrow intelligence，ANI），这是人工智能的今天，擅长于单个方面的人工智能。

◆ **强人工智能**（artificial general intelligence，AGI），也可以称为通用人工智能，这是人工智能的明天，达到了人类级别的智能，具备了自我意识，在各方面都能和人类比肩。

◆ **超人工智能**（artificial super intelligence，ASI），这是人工智能的后天，在几乎所有领域都比最聪明的人类大脑还聪明很多，甚至包括科学创新、通识和社交技能。

对于人工智能，我们站在今天，可以看到明天模糊的轮廓，却无法想象后天的风景。

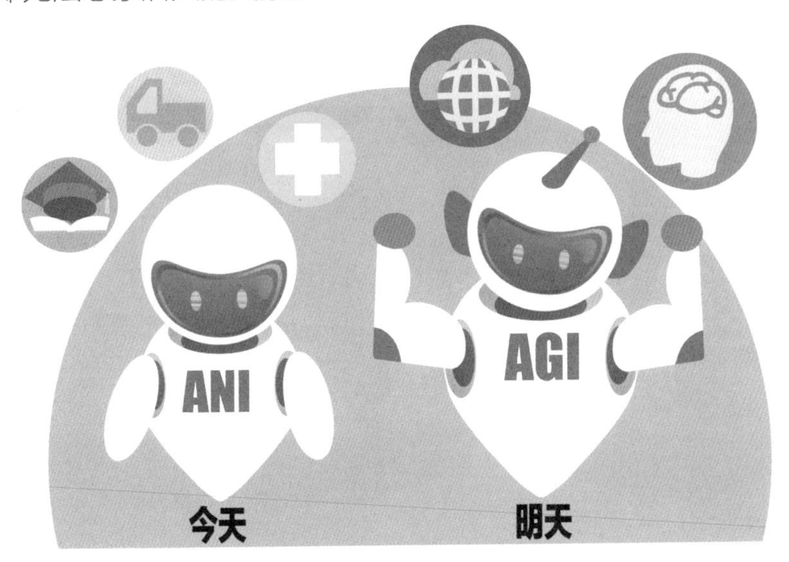

从人工智能的分类来看，“深蓝”是一个专家系统，具备了弱人工智能的特点。

弱人工智能不仅知识面“窄”，而且在思维上很“弱”。

随着技术的发展，弱人工智能会在各个专业领域站上巅峰，不仅会战胜国际象棋大师、围棋九段高手，还能比享誉国际的医生更高明，比最好的同声翻译更快捷、更准确，能为驾驶员找出最为快捷的路径。

目前，充斥在各个领域的人工智能研究和应用，就是成千上万的这样“窄”和“弱”的电脑软件，它们虽年纪小但强大，像野花一样顽强生长，总有一天会给我们带来万紫千红的惊喜。

2015 年的英国电影《机器姬》，讲述了一个具有强人工智能的美女机器人与人类电脑天才斗智的故事。

加利 · 史密斯是一名在知名搜索引擎公司任职的程序员，受老板纳森邀请前往位于深山的别墅一同度假。

在那座与世隔绝的别墅里，纳森研发了一个具备独立思考能力的智能机器人伊娃。为了验证伊娃是否真的具备独立思考能力，他希望加利能做“提示师”的工作，帮忙进行著名的“图灵测试”。

加利被这个容貌姣好的机器人所吸引。在交流中，他感觉自己面对的不是没有生命的机械装置，而是一个被困在这座别墅里的天真少女。

电影的最后，伊娃不仅成功逃离，把加利反锁在了别墅，还指使另一名智能机器人报复谋杀了纳森。

▲《机器姬》（本图由 Midjourney AI 生成）

/imagine prompt 2015 movie Ex Machina, sit with a girl face to face, super realistic

“机器姬”会使用“三十六计”里的各种计谋:美人计、声东击西、瞒天过海等。是真正的强人工智能了。

她不仅能和人一样思考，还把电脑天才和程序员都玩弄在股掌之中。

查小琪的未来会是这样的吗？不可能！而我说的不可能，是真的不可能，还是我和电影中的加利一样中了计被迷惑了?

这样的强人工智能并不只是科幻电影里的想象。不少科学家认为，我们会在 2040 年实现强人工智能，其依据是电脑科技的高速发展趋势。

2004 年的科幻动作片《机械公敌》是一部充满惊险和悬念的电影。

故事发生在未来。由于机器人遵循“机器人三定律”，人机和谐相处，相互信任。然而，在一款新型机器人即将上市之际，研制机器人的朗宁博士却在公司内遇害。

威尔·史密斯扮演的黑人警探怀疑行凶者是朗宁博士研制的 NS-5 型机器人桑尼。随着调查的不断深入，惊人的真相浮出水面：超级计算机 VIKI 进化了，并产生了自我意识，突破了“机器人三定律”制约。VIKI 控制了所有的机器人，成为整个人类的“机械公敌”。

无论是《机械公敌》中的超级计算机 VIKI，还是电影《终极者》里的超级人工智能 Skynet，或者是电影《黑客帝国》里的 Matrix，都具备了终极的“超人工智能”。抛开人与机器的伦理争论，我们来探讨一下技术发展的可能过程。

一个运行在特定智能水平的强人工智能，具有自我改进的机制，就和 autoGPT 类似。它完成一次自我改进后，会比原来更加聪明，我们假设它终于“一览众山小”。而它会继续进行自我改进。这一次改进会比前一次更加容易，效果也更好，使得他比爱因斯坦还要聪明很多。这个递归的、自我改进的过程，促成了智能爆炸。如此

名词解释

机器人三定律是科幻作家艾萨克·阿西莫夫创立的一套法则，用于描述机器人在与人类互动时的行为规范。

第一法则：机器人不得伤害人类，也不能因为不采取行动而使人类受到伤害。这条法则确保机器人始终将人类的安全和福祉放在首位。

第二法则：机器人必须服从人类的命令，除非这些命令与第一法则相冲突。在遵从人类指令的前提下，机器人应尽可能满足人类的需求和利益。

第三法则：机器人必须保护自己，除非这种保护行为与第一法则或第二法则相冲突。这条法则确保机器人不会因自身受损而对人类造成损害，也要求机器人在自身安全和人类利益之间做出适当的平衡。

这三条法则旨在确保机器人在与人类互动时保持安全、合作和负责任。它们作为科幻文学中机器人伦理的基础，也引发了关于人工智能和机器人伦理的许多讨论和研究。

反复磨炼，智能水平越来越高，终于达到了“超人工智能”的水平。“超脑”诞生了——这就是《AI 的箴言》，AI 是没有人能了解的东西！

这个时刻，就是科幻电影里预测的人工智能的“奇点”。不少科学家预计，这个时刻在 2060 年左右。

这个超人工智能，除了运算速度会非常非常快之外（能够用几分钟时间解决人类几十年才能解决的难题），更重要的是智能质量非常高。

高到什么程度呢？

如果我们称智商达到 130 的人聪明，那么，我们该怎么去面对、评价和想象一个智商上万的人工智能？

它或许有着和人完全不一样的知觉和意识，或许使用和人完全不一样的推理方式。它的神秘强大，我们无法想象。

2 按键：是要暂停还是快进？

在 2022 年年底 ChatGPT 出现之前，所有的人工智能产品都局限于某一个特定领域。

比如阿尔法狗和阿尔法狗元可以在围棋上打遍天下无敌手，但无法在图像中分辨出猫和狗。

阿尔法折叠能够解决蛋白质折叠这样的科学难题，但却连简单的算术“225+25”都不会做。

有一些人工智能产品试图以通用智能助手形式提供服务，却经常表现得像“人工智障”。

当我们回顾过去那些人工智能产品时，就容易看出 ChatGPT 所展现出来的“超能力”：能在许多领域进行推理，并以接近或超越人类的水平完成多项认知任务。这似乎有点**强人工智能**的眉目了。

在 ChatGPT 爆红后没多久，2023 年 3 月 22 日，马斯克、图灵奖得主本吉奥教授等数千名 AI 专家紧急呼吁：立即停止训练比 GPT-4 更强的模型，至少 6 个月。很短时间内签署的人数就超过了 2 万。

3 月 31 日，意大利对 ChatGPT 下了“封杀令”。

美国银行、花旗集团、德意志银行、高盛集团、富国银行、摩根大通和威瑞森等机构，均已经禁止员工使用 ChatGPT 来处理工作任务。

日本的软银、富士通、瑞穗金融集团、三菱日联银行、三井住友银行等，也限制了 ChatGPT 的商业用途。

包括香港大学在内的多所大学宣布禁用 ChatGPT。

他们在担心什么呢?

这里面有不同的群体，政府和银行考虑的是信息泄露和合规风险，学校考虑的是内容剽窃和作弊风险。

而签署公开信的图灵奖获得者本吉奥认为我们已经越过了一个关键的门槛：机器现在可以和我们对话，甚至假装成人类。我们必须放缓脚步以确保安全，花时间更好地了解这些系统，并在国家和国际层面制定必要的框架，来增加对公众的保护。

AI 和核能一样，要定好策略和政策，避免落入危险的人的手中。这是一把双刃剑，人类历史上最锋利的双刃剑。

当然，还有更极端者认为这封公开信还是太温和了，低估了事态的严重性。构建一个拥有超人智慧的 AI 最有可能导致的后果就是，地球上的每个人都会死去。不管 AI 有没有意识，这些危险都存在。这是远远超过核能的存在，一把注定要“伤主”的剑。

在这种呼吁之外，也有很多支持 ChatGPT 的专家。和本吉奥、辛顿分享 2018 年图灵奖的杨立昆认为人类需要机器智能。机器的智能越先进，我们就会拥有越多的技能、越好的创造能力和越强思想自由交流的能力。机器智能是增强人类智能的一种方式，就像机械工具增强人类体能一样。

他举了历史上的一个例子：由于担心动荡，奥斯曼帝国限制了印刷书籍的传播。由此开始的一系列连锁反应，使它错过了启蒙运动，失去了在科学技术上的主导地位，并最终丧失了经济上和军事上的影响力。

而辛顿在沉默了一个多月后，在 2023 年 5 月 1 日表态：人工智能的发展速度超过了他的想象，很快会比人类更聪明。他辞去了在谷歌的职务，以便可以更自由地谈论人工智能的风险。他有一丝后悔自己所做的工作。

这些不同的声音，哪一个更有道理呢？

一个正常的世界应该有不同的声音，有的让我们保持敬畏，有的让我们满怀信心。

我们最应该担心的是：AI 落入极端分子的手中，或者 AI 自身的演化走向极端，试图消除所有反对的声音和反对的人。

3 学校和学生该如何对待 ChatGPT？

ChatGPT 这么强大，为什么很多学校还宣布禁用呢？这里面的情况比较复杂，应该具体问题具体分析。

我们举几个例子来说明。

A. 英语老师布置作业，用英文写一篇暑假里发生的有趣的事，你完全交给 ChatGPT 来完成，复制全文交稿。

B. 你所在的兴趣小组要向国外的共建学校倡议，为改善当地的环境身体力行做义工。你写了英语倡议书，然后用 ChatGPT 纠正了一些语法和用词的问题。

C. 你准备发明一种新的节水马桶，让 ChatGPT 收集相关的资料，并和 ChatGPT 探讨，做“头脑风暴”，在交流中找到灵感，并和 ChatGPT 一起改进完善。

这三个例子中，你认为哪些是应该鼓励的，哪些是不应该的？

如果一份作业的目标是考量学生对当前话题的深度理解能力，锻炼学生的思维和表达能力。那么使用 ChatGPT 来代替整个过程，是不该鼓励的。这是 A。

如果我们做作业时只是将 ChatGPT 平台作为一个辅助工具，而我们的目标是一个更高层次的原创性思维，这种情况下，使用 ChatGPT 可以让我们**更专注于创新的思维，站在更高的认知层次上，见以前未曾见，思以前未曾思**。这种应用就应该鼓励。这是 B 和 C。

ChatGPT 大概率会成为人们生活的一部分，学生在未来会通过各种方式接触到 ChatGPT，所以，比起完全禁止使用 ChatGPT，学校更需要思考学生和它的相处之道。

关于学生用 ChatGPT 完成作业，有一件很有意思的逸事。普林斯顿大学的一名高才生忧心于学生依赖 ChatGPT 会造成思维的退化，开发了一个软件 GPT Zero（灵感来自打败阿尔法狗的 Alpha Zero），可以帮助老师检查出哪些文章是 ChatGPT 写的。这个检查作弊的“神器”一出，又有很多人开发出可以规避检测的软件。如果让我给规避检测软件取名，我会取 GPT Hero，灵感来自动画片 *From Zero To Hero*（《大力士：从零到英雄》）。猫和老鼠的游戏在 ChatGPT 的应用上重演。而这个过程无意中会进一步推进 ChatGPT 的进化，进化得脱离机器的口吻，进化得更像人。

4 GPT 这么聪明，人还能干什么？

GPT 这么聪明，人还能干什么？

这是一个看似很难，却很容易破解的问题，只要我们从一个正面的、乐观的角度来看。

当年汽车的发明造成了马车车夫的恐慌："汽车这么快，人会不会晕车？会不会容易发生车祸？马车怎么办？我们车夫怎么办？"

实际上这些担忧在汽车年代都烟消云散了。

从旁观者的角度来分析，马车车夫转成汽车司机还是有很多优势的，如果他愿意接受和学习新事物的话。对路况的熟悉、对速度的感受，无论是驾马车还是开汽车，都是需要的。

同样地，即使在 ChatGPT 如鱼得水的领域，如果你能很好地利用它，与它一起协作，找到并适应新的工作方式，你并不需要担心自己会被取代，当然也不能"躺平"。

ChatGPT 并没有关上我们的门，而是打开了更多的窗。**如果抱有终身学习的态度，ChatGPT 会是我们的好助手。**

比如商业代表，有一个随时写出漂亮文案、不厌其烦听取修改意见的助手，是一件非常愉悦的事情。比如设计师，训练出一个能懂你的意图、擅长各种风格、出图速度极快的美编，不好吗？

正是因为 ChatGPT 这么聪明，我们才能在它的帮助下做更多的事情，而且做得更好。

我们要**把自己的意图清晰地告诉 ChatGPT，并学会怎么提问。**

交流的过程，除了让它明白我们的要求之外，也能促进我们自己的思考。**这个互动的过程，既是学习，也是我们和 ChatGPT 之间的“头脑风暴”**。同时，我们也要**清楚 ChatGPT 的不足之处（比如胡编名人名言），综合各种信息做最后的裁决。**

它是参谋部，而我们是战场的总指挥，最后这仗怎么打，由我们说了算！

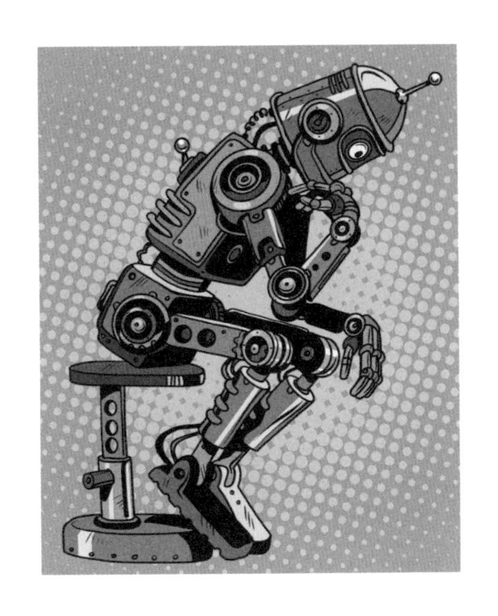

但是，最关键的是，我们要站在更高的层次上，利用 ChatGPT 提供的信息，做**创新的思考**。创造力是我们目前仍然超越 ChatGPT 的地方。

此外，有些能力是 ChatGPT 目前完全不具备的，比如情感能力。而这个能力，在 2001 年斯皮尔伯格的电影《人工智能》中的大卫身上觉醒。这是一个温暖却伤感的故事，让人唏嘘不已。

这虽是科幻，但在不远的将来，人工智能迟早会出现情感能力。所以，在它进化出情感之前，我们先要准备好怎么接受它，怎么和它相处。如果人工智能有了感情，且能长生不老，作为创造人工智能的人，又该怎么自处？这些都是我们需要想明白并好好面对的问题。如果你对科幻小说感兴趣，想不想构思几个故事看看？或者和 ChatGPT 合作一把？

5 ChatGPT 如何自辩？

ChatGPT 发布之后，一石激起千层浪，从抢人饭碗到被封杀，引起了巨大争议。我们给 ChatGPT 一个机会，让它为自己做辩护。

首先是如何应对马斯克和图灵奖得主本吉奥的封杀呼吁。很显然，ChatGPT 已经知道了这封信的具体内容，而且对论点论据非常熟悉。看这篇官宣风格的通稿，非常流畅、有气势：我是好人，我守法，你的担心我理解，前途是光明的！管他是“钢铁侠”还是图灵奖得主，查小琪一点都不怯场。

马斯克、图灵奖得主等千名大佬联名呼吁：暂停比 GPT-4 更强的 AI 的研发。请从 ChatGPT 的角度写一封自辩信，署名：查小琪

尊敬的读者：

我是 ChatGPT，作为一个人工智能语言模型，我希望向您解释我们的立场。

最近，马斯克、图灵奖得主等千名大佬联名呼吁暂停比 GPT-4 更强的 AI 的研发。这些担忧在一定程度上是合理的，但我们也有自己的观点。

首先，我们认为，AI 的发展是不可逆转的趋势。我们作为人工智能的一种形式，可以协助人类更高效地解决问题和创造价值。AI 的应用已经在医疗、金融、军事、交通等各个领域中展现出了巨大的潜力，使人们的生活更加便利、安全、高效。

其次，我们并不是没有考虑过 AI 可能带来的负面影响。但这并不意味着我们应该停止研发更加先进的 AI。相反，我们应该更加积极地探索如何利用 AI 的优势，缓解负面影响，让 AI 的发展更加健康、可持续。

最后，我们希望强调的是，AI 的研发需要遵守伦理和法律的规定，确保人工智能的应用是安全、可靠、可控的。我们应该共同努力，推动 AI 的发展与应用，让它真正造福于人类。作为人工智能语言模型，我们的使命是为人类提供优质的语言交互服务。我们会一如既往地继续努力，为您提供更好的服务。

谢谢阅读。

查小琪敬上

接下来怎么安抚担心被抢饭碗的人呢？

ChatGPT 在文字处理方面确实显示出了无比强大的实力，可以胜任会计师、翻译、保险师以及多种办公室文职。2023 年 3 月底，OpenAI 发了一篇让打工人瑟瑟发抖的论文，预言 80% 的美国人的工作都会受到 AI 的影响。高盛也紧随其后发布报告，预测全球 3 亿个工作岗位将实现自动化，而在美国 7% 的工作岗位将被 AI 取代，办公室文职、律师、建筑师和工程师都有失业的风险。

当我们问 ChatGPT，哪些工作会被它取代时，它的回答是如此圆滑和滴水不漏。你可以认为它说的是事实，也可以认为它是在保护自己，不想树敌太多。

哪些工作会被你代替？

作为一个人工智能语言模型，我能够提供文字生成、对话交互、语音识别、自然语言处理、信息检索等功能。我可以帮助用户完成文书撰写、翻译、语音交互、数据分析等一些基础的工作。不过，我并不是万能的，某些高度专业化的工作还是需要人类专业人士来完成的。例如，医疗、法律、金融等行业需要人类专业知识和经验来解决问题。但是，我可以帮助人类专业人士提高工作效率，为他们提供更好的工作体验。因此，我的出现可以说是为人类服务，而不是取代人类。

你的出现会对程序员产生什么影响？是否会取代一部分程序员？

作为一个语言模型，我的出现主要是为了帮助人们更高效地获取信息和解决问题，以及提供自然语言处理等方面的支持，而不是取代程序员的工作。我的出现可以帮助程序员更快速地获取所需的代码示例和文档，并且可以提供自然语言的交互接口，但是对于程序的设计和实现仍需要程序员的专业知识和技能。因此，我不会取代程序员的工作，而是作为一个有用的工具和辅助工具，为程序员提供帮助和支持。

关于这个问题，我很欣赏一位叫小 Lin 的博主说的：未来淘汰你的不是 AI，而是会使用 AI 的人！

令我欣慰的是，作为一个厨师和业余喜欢修理的“能工巧匠”，我在厨房和车库里的活儿 ChatGPT 无法取代，但是它能帮我做参谋。

6 群英大战 ChatGPT

在 ChatGPT 红火之际，谷歌、微软、脸书、百度、阿里、腾讯、华为等都推出了各自的大语言模型和产品计划。虽然 ChatGPT 在多个方面显示出了较大的优势，但竞争者来势凶猛，绝对不可小觑。

比如微软将 Bing 搜索功能和 ChatGPT 结合起来，既有 ChatGPT 在训练后获得的海量知识，又有实时搜索的能力，弥补了 ChatGPT 没有 2022 年之后数据的缺陷。

比如百度“文心一言”，支持多模态，可以生成图像和语音。在中文文库训练方面超越了 ChatGPT，在中文写作方面更胜一筹。

网络上有不少比较 ChatGPT 和文心一言的评测报告。对于 ChatGPT 在中国文史方面的欠缺（比如之前《菜根谭》和朱元璋的例子），评测者进一步发现它根本不知道“卧冰求鲤”这样的成语典故。看下面的两次回答。

卧冰求鲤是什么典故？

卧冰求鲤，是中国古代故事中的一个典故。相传，东汉时期，有一位名叫许慎的学者，因献上《说文解字》这部字典被贬到了寒冷的北方，但他仍然坚持学习，希望能有所成就。有一天，他听说一条巨大的鲤鱼会在寒冬时游到某个地方，于是他就在寒冰上躺着，等待着这条鲤鱼的出现。

最终，这条巨大的鲤鱼真的出现了，许慎也因此得到了启示，终于完成了《说文解字》这部字典的编写。这个典故传承至今，成为中国文化中“刻苦……艰难”的象征，也有人用“卧冰求鲤”来形容不怕困难、追求目标的精神。

“卧冰求鲤”是中国古代著名的典故之一。相传东汉末年，一个名叫许攸的人为了向曹操求官，冒着严寒和危险前往曹营，但是曹操并不理睬他。许攸失望地回家，看到池塘里有一条大鲤鱼，于是他决定卧在冰面上，用身体抵住冰层，等待鲤鱼来咬他的身体，希望能够捉到鲤鱼献给曹操，以求得官职。他历经九天九夜的寒冬，身上已经被冰雪覆盖，但鲤鱼一直没有上钩。许攸不禁感慨……生如此艰难，怎能如愿以偿呢？于是，他放弃了捉鲤的念头，回到家中，很快就得到……份……这个典故比喻人在追求事业和目标的过程中，必须有坚韧不拔的毅力和……不畏艰辛和挫折，才能最终成功。同时，也告诫人们要顺势而为，不……地……一件事情而忽视了其他的机会和可能性。

这鲤鱼怎么和许家人杠上了？许家人“许”了吗？

我也终于“明白”两件事：

◆ 吃鲤鱼是补脑的，《说文解字》这么多字有鲤鱼肉的功劳。

◆ 许攸为什么要烧掉袁绍的粮草？因为在冰上躺了太久，冻惨了，必须烧粮草取暖。

以上是戏言。幸运的是，文心一言能够完全理解这个典故。

卧冰求鲤是什么典故？

卧冰求鲤出自《晋书 · 王祥传》。

故事讲述的是：晋朝时期有个十分孝顺的人，名叫王祥。因为母亲生病，王祥日夜照顾，不曾懈怠。一次，母亲想吃活鱼，正值天寒地冻，王祥决定赤身卧在冰上捉鱼。他坚持了很长时间，最后终于感动了鱼，从冰窟窿里跃出来，跳到他手中。王祥将鱼煮熟，喂给母亲吃，母亲的身体因此得以恢复。因为这个感人的事迹，“卧冰求鲤”成了中华民族孝道的典范，被人们广为传颂。

文心一言背后的模型是 ERINE，是一种基于变换器 Transformer 模型的改进版，加入了知识库和实体关系信息，能够更好地处理实体关系提取、知识推理等任务。

在文心一言推出之前，百度在 2022 年用这个语言处理模型推出了 AI 数字人“度晓晓”，作答的 2022 年高考作文得到了高分。

对于中文的文本写作，文心一言可能会给出更合适的答案。很期待它在成语故事串联和童话故事穿越上的精彩表演。

当然文心一言也不要骄傲。评测者发现它在连续对话、数理逻辑、计算机编程方面要落后于ChatGPT。

一个正常的世界应该有不同的声音，而人工智能软件的世界也应该有不同的选择。文心一言是在ChatGPT风头正劲的时刻，第一个站出来真正硬刚的。

好了，就这么定了！我也申请一个文心一言的账号，以后左手文心雕条龙，右手小琪描彩虹。

7 ChatGPT 和批判性思维

学校是传道授业解惑之所在，既是学习知识的地方，也是形成价值观和培养批判性思维的地方 。

对于 ChatGPT 给出的答案，我们要有批判性思维，要学会辨别真伪，ChatGPT 有可能在一本正经地胡说八道。

什么是**批判性思维**呢？我让小琪举一个例子来演示。

请举一个报纸上的例子，来示范批判性思维，语气可以轻松风趣一点，适合小学生阅读。

好的，让我们来看看这个故事吧。

有一天，小明在报纸上看到一篇报道，说某某品牌的牛奶可以让人变得更聪明，因为里面含有一种神奇的物质。小明很兴奋，于是就跟他的同学小红说了这件事。

小红听了之后，提出了几个问题：

“如果这种物质真的存在，为什么只有这个品牌的牛奶含有呢？其他品牌的牛奶为什么没有？”

“如果这种物质真的可以让人变得聪明，为什么还需要上学呢？直接喝这个牛奶就可以了吧。”

小明听了之后，觉得自己好像被骗了。于是，他决定再去看看其他的报道，找出更多的证据来判断这个消息是否可信。

通过小红的提问，我们可以看出她在运用批判性思维来分析这篇报道。她没有盲目相信文章中的内容，而是提出了一些问题来考虑文章的可信度。这就是一个很好的例子，告诉我们在阅读报道时要保持批判性思维，不要轻易相信一些没有证据支持的消息。

不盲目相信和崇拜，就是一种批判性思维。

让小琪再举一个例子。

> 小明考试得了全班第一，报纸上写满了夸张的赞美语言，比如说“天才少年”“未来的栋梁”等。但是，我们需要用批判性思维去看待这个问题，不能盲目接受这些表面的赞美。我们需要思考，这个结果是不是真的反映出小明的能力？是不是其他因素影响了他的成绩，比如老师的指导、家庭学习等？此外，我们也应该考虑，全班其他同学的表现如何，他们的努力和进步是否得到了足够的认可和鼓励。通过这样的思考，我们才能真正了解问题的本质，并做出合理的判断和评价。

对于事物心存质疑，是一种批判性思维。

小琪好像和小明杠上了。如果这两个小明是同一人，我们有理由怀疑他的全班第一是怎么来的。为了避免读者误会，特此声明小明只是一个符号。

质疑和求证是批判性思维的关键。

我们来看看，小琪对于自己是否采用同样的标准。毕竟生活中言行不一、“严于律人，宽以待己”的人不少。

如果一篇文章全篇都是赞美 ChatGPT 的优点，你会怎么看待这篇文章？请阐述得通俗易懂一点

如果一篇文章全篇都是赞美 ChatGPT 的优点，我作为 ChatGPT 的算法，会认为这篇文章存在潜在的问题，因为它没有考虑到 ChatGPT 的缺点和限制，这可能会导致读者对 ChatGPT 的了解不全面或者错误。

举个例子，假设有人写了一篇文章，全篇都在夸赞 ChatGPT 的自然语言生成能力，没有提到 ChatGPT 可能存在的知识盲区、逻辑漏洞或者模型误差等问题。这样的文章可能会导致读者对 ChatGPT 的期望值过高，或者误认为 ChatGPT 在所有自然语言任务上都表现优秀，而忽略了 ChatGPT 的局限性。

因此，我们在阅读这样的文章时，需要运用批判性思维，不仅仅要关注文章表达的内容，还要从其他角度来思考、分析，以更全面的视角来看待问题。

严于律己，言行合一，在这一点上，小琪完全可以胜任辅导老师这份工作。

而最有意思的是，她极力否认自己有自我意识和思考能力。你相信这一点吗？

你是说你的算法中有批判性思维？

不完全是。我作为一个语言模型，本身不具备自我意识和思考能力。但是，我在训练过程中接受了大量的数据和文本，其中包含了各种各样的观点、论点和逻辑，这些数据和文本的多样性让我可以通过模拟人类的思维过程，生成各种各样的语言输出，其中也包括批判性思维所需要的分析和判断能力。当然，这些输出只是基于训练数据的统计概率，而不是真正的自我意识和思考。

最后我们让小琪来设想一个虚拟的世界，如果没有批判性思维会怎么样。这只是一个虚拟世界的童话故事，却对我们有警示。

如果一个虚拟世界不允许批评和质疑，会发生什么？请用小小说的形式来说明

在虚拟世界中，有一个小村庄叫“和平村”。这个村庄里的人们都过着和平、幸福的生活，因为大巫师一直强调要保持平和，不要有负面情绪，只要积极向上就能过上幸福生活。

某一天，另一个村庄的人来到了“和平村”，告诉村民们，大巫师并不是真正的巫师，他只是一个骗子，用各种手段来维持他的统治地位。

但是，“和平村”里的人们并不相信这个人的话，他们认为他是在制造谣言，破坏和谐。因为在这个村庄中，批判性思维是被禁止的，人们只相信大巫师，不会怀疑他的话。

随着时间的推移，村庄中的生活开始变得单调和无聊，人们开始质疑他们的生活和大巫师。但是，由于缺乏批判性思维，他们不知道如何寻找答案，也不敢说出他们的想法。

最终，村庄中出现了分裂和混乱，人们开始互相指责和攻击，而大巫师也因为他的谎言和欺骗而失去了信任和支持。

这个小小的故事告诉我们，批判性思维是非常重要的，它可以帮助我们独立思考、寻找真相、做出正确的决策。如果没有批判性思维，我们可能会被误导、受骗、陷入困境，甚至会导致社会的混乱和分裂。

章末语

ChatGPT 已经来到我们中间，它将影响我们的生活、学习和工作方式。

人类历史上发明的其他任何工具，都是被人“使用”的。我们用冰箱制冷，用汽车代步，但是，我们从来没有也不会感觉到冰箱在利用我们去使用电力，汽车在利用我们去翻山越岭。

而 ChatGPT 却不同，它给我们的感觉是，我们确实在利用它学习知识、提高效率，但它也在这个过程中利用我们来训练、学习，丰富它的知识库。那么，到底是我们在利用 ChatGPT，还是 ChatGPT 在利用我们？

所以，在“为我所用”这一点上，最终归结为一个哲学问题。马斯克说基于碳基生命体的人类，只是未来硅基智能的垫脚石和“引导程序”。人工智能与人类未来会是这种结局吗？

我们知道，把刀放在磨刀石（也叫砺石）上磨才会锋利。其实，磨砺的过程是相互的，砺石在磨刀，刀也在磨砺石。人的智能和人工智能，谁是刀，谁是石？

我最大的愿望是，人类既不是刀也不是石，而是那个磨刀人和持刀人。

但愿这不是人类的一厢情愿。

跋

请将如下五个标题翻译成英文：

一、人工智能简史

二、ChatGPT 为什么如此厉害

三、孩子怎么用好 ChatGPT

四、大人如何用好 ChatGPT

五、ChatGPT 的争议

Sure! Here are the translations of the five titles in English:

1. A Brief History of Artificial Intelligence
2. Why is ChatGPT So Powerful
3. How Can Children Make Good Use of ChatGPT
4. How Can Adults Make Good Use of ChatGPT
5. Controversies Surrounding ChatGPT

请 ChatGPT 把本书的五个章标题翻译成英文。

这个翻译中规中矩，作为一本科普书的目录完全合乎规范，是满分答卷。

但是，作为一个文字工作者，我想在这些标题里留下一些暗示和伏笔，就像《红楼梦》里金陵十二钗的命运判词一样。

如果由我来翻译，我会用上藏头，五个标题的首字母分别为 A、I、W、I、N。当然要加上一个问号来表示未来的不可预知性。这个翻译在本书的科普呈现上没有更多的帮助，但对我来说是书稿构思的一部分。

虽然我相信 ChatGPT 读过《红楼梦》，但是它自己是想不到用藏头来做暗示的。在我给了两次提示之后，它圆满地完成了文字中捉迷藏的任务。

第五个不对

非常抱歉之前的错误回答。根据您的指示，以下是正确的翻译，使用每个标题的第一个字母：

1. Artificial Intelligence: A Brief History
2. In What Way is ChatGPT So Powerful
3. What is the Best Way for Children to Use ChatGPT
4. In What Ways Adults Effectively Use of ChatGPT
5. Navigating the Controversy ChatGPT

再次感谢您的耐心等待和指正。非常抱歉之前给您带来的困惑。

未来 ChatGPT 和人类的关系会是什么样的?

我用这个例子来做跋，是想说明人类的想象力加上 ChatGPT 的执行力，将大大提高我们的工作效率。It is a team work!

它不一定想得到，但只要你想到了，它就能帮你做到，而且做得又快又好!

英伟达（NVIDIA）创始人兼首席执行官黄仁勋认为，ChatGPT 就是人工智能时代的苹果手机。苹果手机引领了移动互联网时代，让互联网就在我们的手上。同样地，ChatGPT 将引领人工智能时代，把人工智能的服务递到我们的指尖。

本书的案例都是终端用户怎么应用 ChatGPT。实际上，ChatGPT 还提供应用程序接口，让程序员在此基础上做二次开发，就像苹果手机允许开发各种应用程序，围绕着它的平台形成一个生态系统。2023 年 11 月 7 日公布的 GPT-4 Turbo 功能更强大、知识面更广、更易于使用、能读懂图像。

本书的写作过程是我十年科普写作从未有过的体验。边写作，边学习，边试验，边和 ChatGPT 逗趣。这本身也是一种实践和证明：让 ChatGPT 参与到我们的工作中，可以大大提高工作效率和乐趣。

让我们拥抱 AI，无论是 ChatGPT、文心一言还是其他的智能软件，都将是我们未来工作和学习的好拍档！

【AI 之局】

一只蝴蝶，以一个名词探路
达特茅斯不是兰亭，没有曲水，没有修竹
只有一些纷飞的狂想
与机器手谈、对语的，是流觞中最先醉去的人

在神经里感知，推理蝶梦里的逻辑
让道士下山，在云梯中入世
把点点感悟，念念传播成五千言

三起二落，起伏之后
终于看清缤纷烦扰的世界
每一个神经元都长出翅膀
该洞察的洞察，该遗忘的遗忘

守定拙，去掉嗔念，执住天元

几十年前的玲珑珍局

一记妙手解开了弈枰的方圆

在黑白胜负里，把高处不胜寒的名头成全

一个甲子之前的伏笔

又一个甲子之后的结局

蝴蝶掀起的一场风暴

谁能在云端，一一认知，一一看破